AF538096

Bibliografische Information der Deutschen Nationalbibliothek

Die Deutsche Nationalbibliothek verzeichnet diese Publikation in der Deutschen Nationalbibliografie; detaillierte bibliografische Daten sind im Internet über http://www.dnb.de abrufbar.

ISBN 978-3-8027-2769-6

Vulkan Verlag GmbH
Huyssenallee 52–56, D-45128 Essen
Telefon: +49 (0)201 82002-0
www.vulkan-verlag.de

Lektorat: Kathrin Lange
Herstellung: Norbert Nickel
Satz: Schmidt Media Design, München
Druck: Druckerei Chmielorz GmbH, Wiesbaden

Bildquelle Coverfoto: Tracto-Technik
http://www.tracto-technik.de

H.-J. Bayer / M. Reich

Praxishandbuch HDD-Felsbohrtechnik

1. Auflage

Vulkan-Verlag Essen

Vorwort

Das Horizontal Directional Drilling (= HDD), also das verlaufsgesteuerte Horizontal- und Schrägbohren, wurde vor etwa 25 Jahren in Europa eingeführt. Seit etwa zehn Jahren wird das HDD auch für die Felsbohrtechnik eingesetzt. Vor wenigen Jahren noch kaum bekannt, hat sich die HDD-Felsbohr-Technologie in der Praxis schnell entwickelt und einen festen Stellenwert in der Bohr- und Bautechnik eingenommen. Deshalb ist es wichtig, den Stand dieser Felsbohr-Technologie in den Grundlagen zu beschreiben. Dazu gehören die technischen Funktionen und Anwendungen sowie Einsatzbeispiele.

Das HDD-Felsbohren wird jedoch im Bauwesen speziell in der Ver- und Entsorgungswirtschaft, in der Geotechnik und im Umweltbau noch nicht überall genutzt. Grund genug, diese faszinierende Technologie näher vorzustellen und

anhand von Anwendungsbeispielen die sich bietenden Möglichkeiten aufzuzeigen. Dieses Buch ist ein Grundlagenwerk für Bohr-Ingenieure und Bohr-Techniker, für Anwender der HDD-Technologie und für solche, die es noch werden möchten. Es hilft Ingenieurbüros, Versorgungsfirmen und Entsorgungsbetrieben, Kraftwerksplanern und Baubehörden bei Planungen, Trassenfindungen, Regionalplanungskonzepten für neue Leitungskorridore und Versorgungswege und neue energetische Erschließungen. Das Buch wird manchen Planern und Ingenieuren und Baufachleuten viele neue, bisher gar nicht für denkbar gehaltene Wege und Anwendungsmöglichkeiten eröffnen. Dieses Buch will Bau- und Netzplanern, Bauingenieuren, Bohrpraktikern, Technikern und Anwendern zeigen, dass verlaufsgesteuertes, oberflächennahes Bohren heutzutage in nahezu allen Baugrund- und Anwendungsbedingungen unter Beachtung technischer und physikalischer Grundlagen möglich sind. Es ist keine Zusammenstellung fremder Artikel oder Bauberichte, sondern wurde aus der Bohrpraxiswelt heraus für Praktiker und künftige Bohranwender verfasst, um ihnen aus erster Hand Felsbohrkenntnisse zu vermitteln.

Die Verfasser möchten Kollegen, Bohrfirmen und Freunden danken, die in vielfältiger Weise die Abfassung und Herausgabe dieses Buches ermöglichten. Dank gilt hier insbesondere den Kollegen Meinolf Rameil, Günter Naujoks, Jochen Schmidt, Yvonne Hennecke, Ramona Hasenau, René Schrinner, Henry Stuke, Udo Harer, Walter Schad, Olaf Neuhäuser, die hier unterstützend oder gestaltend mitgewirkt haben. Wir wünschen den Lesern viel Freude und Interesse in dem hier aufgezeigten Sektor der Felsbohrtechnik.

Die Verfasser

Inhaltsverzeichnis

1.
Entwicklungsgeschichte der HDD-Felsbohrtechnik

Die Entwicklungsgeschichte der Bohrtechnik hat sehr frühe Anfänge in Europa. Erste Bohrwerkzeuge für die Gewinnung von Feuersteinen, aber auch Schmucksteinen, wie zum Beispiel Jaspis, oder die Gewinnung von Farbrohstoffen reichen bis in die Jungsteinzeit. Aufgefundene Bohrwerkzeuge aus Geweihknochen, aber auch Steinhämmer, Steinäxte und vor allem Feuersteinbohrer an Holzstielen, belegen neben Schächten und Stollen, die bis 20 m Tiefe reichten, dass auch schon horizontale und vertikale Vortriebe im Festgestein, wie zum Beispiel in Kreideschichten, vorgenommen wurden. Die ersten Bohrgeräte bestanden somit aus Feuersteinen, die an Holzstielen fest angeschnürt waren.

Später sorgte der frühe Metallabbau, vor allem Kupfer im Nahen Osten (Wadi Feinan und Timna), auf Zypern und in Ägypten, für die weitere Entwicklung von Bohrwerkzeugen. Gerade in Timna und Feinan, links und rechts des Wadi Araba, wurden interessante bronzezeitliche Abbau- und Bohrwerkzeuge aufgefunden. In der Antike waren dann Schlagmeißel für den Felsabbau schon üblich.

Im späten Mittelalter, 1420 und 1430, wird über den Einsatz von Erdbohrern berichtet. Sie dienten zum Brunnenbohren im Lockergestein. Von Leonardo da Vinci gibt es Zeichnungen für Vertikal- und Horizontalbohrgeräte aus der Zeit um 1500. Alle europäischen Bohrgeräte des Mittelalters nutzten drehende Antriebe, während chinesische Bohranlagen vom Altertum bis in die Neuzeit schlagende Bohranlagen nutzten.

J. Ch. Lehmann berichtet 1714 über den Einsatz von Bergbohrern, die der Lagerstättenerkundung von Erzvorkommen dienten. Schon ab Mitte des 17. Jahrhunderts waren sie wohl im Einsatz und lösten zunehmend die teure Auffahrung von Erkundungsstollen ab. Erze sitzen im Festgestein, die Erdbohrer kamen sowohl vertikal als auch horizontal zum Einsatz. Es handelte sich um Trockenbohrgeräte mit Holz- oder auch Eisengestänge. Die Bohrköpfe, vermutlich Flügelmeißel, waren aus Schmiedeeisen.

Später benutzte der Bergbau Bohrlöcher für „Schießarbeiten", d. h. für Sprengabschläge mit Schwarzpulver. Im 18. und 19. Jahrhundert gab es eine sprunghafte Entwicklung hochwertiger geschmiedeter Bohrer für schnelle Bohrmethoden, da der Bergbau wesentliche Erfindungen hervorbrachte, wie zum Beispiel das Schnellschlagbohren von Raki. Horizontales Felsbohren ist schriftlich seit dem 18. Jahrhundert überliefert. Horizontale Felsbohrer dienten der Herstellung von Erkundungs- und Sprengbohrungen, später kamen Bohrlöcher für Felsanker und Kerngewinnung und viele andere Funktionen hinzu.

Seit den 1920er Jahren gibt es Gasabsaugungen (Methan) mit Horizontalbohrungen in Steinkohlenbergwerken. Die Vermeidung „schlagender Wetter“, also die Sicherheit im Kohlenbergbau, machte das Gasabsaugen und damit horizontale Bohrlöcher erforderlich. Die Anzahl der Schlagwetterexplosionen wurde danach entscheidend reduziert. Um 1980 waren in den Kohlegruben in Deutschland etwa 280 Gasbohrmaschinen im Einsatz, die bankschräge Bohrungen oder flözgängige Gasbohrlöcher mit mittleren Längen von 50 m erstellten. Diese nicht steuerbaren Horizontalbohrgeräte für das Steinkohlengebirge wurden oft nur Lafetten-Bohrmaschinen im Bergbau genannt. Sie hatten Druckluftantrieb oder

Bild 1.1: Maschinenbautechnische Entwicklungsschritte in der europäischen HDD-Technologie in den letzten 15 Jahren

elektrohydraulischen Antrieb, wurden mit Spülwasser oder Luftspülung betrieben und sorgten für die Methangasabsaugung während des Bohrprozesses.

Zwischen 1972 bis 1977 wurden in Kalifornien durch Martin Cherrigton erste verlaufsgesteuerte Horizontalbohrungen erprobt, 1979 entstand die „Urform" einer Horizontalbohranlage. Zwischen 1982 und 1985 wurden asymmetrische Bohrköpfe, Bohrkopfsender und -empfänger-Systeme sowie Reamer zum Bohrlochaufweiten entwickelt – alles jedoch zunächst nur für die Durchbohrung leichter Lockergesteine.

In den 1980er Jahren ermöglichten entscheidende Entwicklungen bei Tiefbohrungen mit Mudmotoren gezielte Ablenkungen und Kurvenfahrten (Richtbohrtechnik) im Gebirge. Die ersten Bohrungen hier waren ablenkbar, jedoch nicht richtungssteuerbar. Erst die Entwicklung des MWD (Measurement by Drilling), die durch Spülung gepulsten Signale mit Navigationsdaten zum Steuerstand an der Oberfläche brachte, ermöglichte entscheidende Schritte zur Richtungssteuerung der Bohrung. Ziel war es, teure Ölbohrplattformen im Offshore-Bereich mehrfach für Bohrungen zu nutzen, um mit richtungsunterschiedlichen Bohrungen von einem Startpunkt aus die Kohlenwasserstofflagerstätte optimal mit mehrfachen Bohrungen zu erschließen. Diese sogenannten „multi laterals" sorgten im Umkehrschluss dafür, das die MWD-Technologie enorm verbessert wurde. Bohrungen konnten nun schräg bis horizontal in Ölträger- bzw. Gasträgerhorizonte gelenkt werden und Ölbohrplattformen wurden zum Teil zur Niederbringung von bis zu 20 Bohrungen genutzt. Weitere Anwendungsziele der gesteuerten Felsbohrungen waren in den 1980er Jahren Kohlevergasungsbohrungen zum Methangasentzug aus unverritzten Steinkohlelagerstätten und auch sehr lange Lagerstättenerkundungsbohrungen.

Der Einsatz der Mudmotoren im Erdöl- und Erdgasbereich wurde allseits um 1980 bekannt und führte Ende der 1990er Jahre dazu, dass in den USA erste Tiefbohr-Mudmotoren auf HDD-Bohranlagen zum Einsatz kamen, um Gewässerkreuzungen im felsigen Untergrund vorzunehmen. Um die Jahrtausendwende wurden auch Mudmotoren auf europäischen HDD-Bohranlagen erstmalig eingesetzt.

Schon in den 1990er Jahren gab es Anfragen durch den Saarbergbau an die HDD-Technologie auf Steuerbarkeit und auf die Realisierung längerer Gasabsaugbohrungen im Steinkohlengebirge. Felsbohren war zu dieser Zeit mit HDD noch

Grundorock Low-Flow-Bohrlochmotor für Pilotbohrung

Bild 1.2: Innenaufbau des ersten HDD-optimierten Mudmotors für kleinere Bohranlagen

nicht möglich und die gewünschte Ortung war aufgrund des intensiven Stahlausbaus unter Tage nicht durchgeführt.

Ab 2002/2003 gelang in Deutschland die weltweite Premiere des Einsatzes sehr schlanker Low Flow-Mudmotoren auf kleinen HDD-Anlagen ab der 10t-Klasse. Low Flow-Mudmotoren wurden für oberflächennahes Felsbohren konstruiert und verbrauchen, wie es der Name andeutet, wenig Bohrspülung. Diese Entwicklung wurde von Tracto-Technik in Lennestadt durchgeführt. Dies war ein Riesenschritt nach vorne zum Standard-Felsbohren mit kleinen HDD-Anlagen. Tracto-Technik ist bis heute die führende Firma, die das Felsbohren mit kleinen HDD-Anlagen (Mini- und Midi-Rigs) technisch ermöglichte.

Ab 2005 entwickelte das Unternehmen auch das gesteuerte Felsbohren mit Hausanschlussgeräten. Spezielle Hammerbohrlanzen machten auch hier technisches Neuland erschließbar. Solche HDD-Hausanschlussgeräte finden heute weitere Verbreitung in Mittelgebirgsregionen, im Alpenraum und in groben, künstlichen Auffüllböden.

Ein weiterer wesentlicher Entwicklungsschritt war der Bau von All Condition-HDD-Bohrgeräten (ACS), die besonders starke Hart-Weich-Gesteinswechsel bewältigen können und hier die flachbohrtechnische, verlaufsgesteuerte Durchfahrung von Felseinlagerungen, Blöcken und Gesteinshaufwerk ermöglichen.

2.
Bohrmeißel

Der Bohrmeißel hat die Aufgabe, das Gestein auf der Bohrlochsohle zu zerstören. Um optimale Bohrgeschwindigkeiten zu erhalten, muss er stets auf das spezielle Bohrverfahren und ganz besonders auch auf die zu erbohrende Formation abgestimmt werden. Zu grobes Bohrklein kann eventuell schlecht aus der Bohrung austransportiert werden, zu feines Bohrklein deutet auf eine unzureichende Reinigung der Bohrlochsohle und die damit verbundene Nachzerkleinerung der Cuttings hin, was gleichbedeutend mit einer unnötigen Energieverschwendung ist.

Im weiteren Verlauf dieses Kapitels werden die in der Bohrtechnik gebräuchlichsten Bohrmeißeltypen vorgestellt.

2.1 Blattmeißel

Die ersten Bohrmeißel, die in der Tiefbohrtechnik eingesetzt wurden, waren so genannte Blattmeißel (**Bild 2.1**). Im Prinzip handelt es sich dabei um eine Schneide, ähnlich einem Spatenblatt, welches in der Bohrung an einem Seil auf und ab bewegt wurde. Beim abwärtsgerichteten Fall löste der Blattmeißel das Gestein aus dem ursprünglichen Verbund, so dass Bohrklein erzeugt wurde.

Die Technik des so genannten Seilschlagbohrens wurde bereits im alten China vor über 2500 Jahren eingesetzt und hat in einigen Bereichen der Flachbohrtechnik bis in die Gegenwart hinein überlebt. Um das Jahr 1900 herum wurden in der Tiefbohrtechnik massive Bohrgestänge eingeführt, die eine Rotation des Bohrmeißels auf der Sohle erlaubten. Die bis dahin üblichen Blattmeißel erwiesen sich als wenig geeignet für das Rotarybohren, sie waren zu „ruppig" und führten zu häufigen Gestängebrüchen. Trotzdem wurden Blattmeißel weiterhin in der Tiefbohrtechnik eingesetzt, jedoch vorwiegend in den oberen, wenig verfestigten Formationen. In der Felsbohrtechnik werden Blattmeißel heute praktisch nicht mehr eingesetzt. Sie sollen hier nur der Vollständigkeit halber kurz erwähnt werden.

Bild 2.1 Blattmeißel (Hughes Christensen)

2.2 Rollenmeißel

Mit zunehmenden Tiefen der Bohrungen konnten die Blattmeißel nicht mehr mit den ständig steigenden Anforderungen an die Bohrgeschwindigkeit und der geforderten Sicherheit an den Bohrprozess Schritt halten. Das erkannte auch Howard Hughes. Er war es, der im Jahr 1908 den Rollenmeißel erfand. Der Originalmeißel besaß zunächst nur zwei Meißelrollen, wenig später setzte sich aber das Design mit drei Rollen durch.

Rollenmeißel werden auch heute noch sehr häufig eingesetzt. Sie sind relativ preisgünstig und können durch konstruktive Maßnahmen an fast jede Gesteinsart angepasst werden. Speziell beim Bohren von Hartgestein spielen sie bis in die Gegenwart hinein eine dominante Rolle.

2.2.1 Aufbau

Der Aufbau eines Rollenmeißels ist in **Bild 2.2** zu erkennen. Der Grundkörper wird zu Beginn des Fertigungsprozesses aus drei Schmiedeteilen, den Pratzen (1), zusammengeschweißt. Am unteren Ende der Pratzen befinden sich die Lagerzapfen zur Aufnahme der Meißelrollen (3).

Je nach zu erbohrender Formation werden die Meißelrollen mit entsprechenden Schneidelementen ausgestattet. Da die Bohrlochsohle beim Abrollen der Meißelrollen gleichmäßig durch die Schneidelemente bearbeitet werden muss, muss besonderer Wert auf die Anordnung der Schneidelemente auf den einzelnen Rollen gelegt werden.

Üblicherweise ergibt sich ein Design, bei dem alle drei Rollen verschieden belegt sind (**Bild 2.3**).

Ein Rollenmeißel erreicht nur dann eine hohe Lebensdauer, wenn seine Lager wäh-

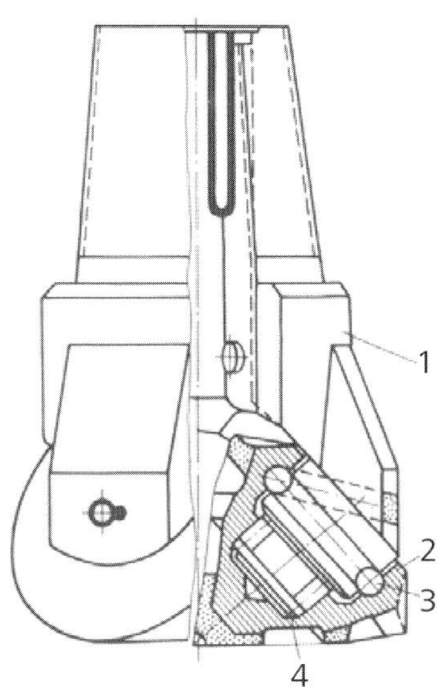

Bild 2.2: Aufbau eines Rollenmeißels (Arnold, W. et al., 1993): 1: Pratzen, 2: Rolle, 3: Kugellager, 4: Rollenlager

Bild 2.3: Anordnung der Schneidelemente auf den Meißelrollen (Quelle: Bildarchiv TU Bergakademie Freiberg)

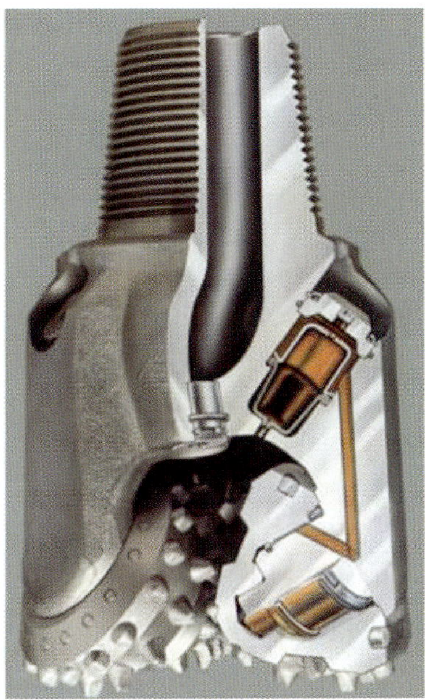

Bild 2.4: Dauerschmierung eines Rollenmeißels (Quelle: Bildarchiv TU Bergakademie Freiberg)

rend des gesamten Einsatzes optimal geschmiert werden. Ein guter Rollenmeißel zeichnet sich deshalb durch erstklassige Dichtungen aus, die das Schmierfett im Bereich der Lager wirksam von der Spülung isolieren. Moderne Rollenmeißel besitzen an der Lagerung der Rollen je ein Reservoir, das mit Schmierfett gefüllt ist. Eine Membran, die zwischen dem Schmierfett und der unter Druck stehenden Bohrspülung angebracht ist, sorgt dafür, dass ständig neues Fett in die Kugel- und Walzenlager gepresst und die Lebensdauer des Rollenmeißels maximiert wird (**Bild 2.4**). Dadurch, dass das Schmierfett in den Lagern ständig einen gewissen Überdruck gegenüber der Bohrspülung besitzt, kann keine Spülungsinvasion stattfinden.

Das Bohrklein, das auf der Bohrlochsohle erzeugt wird, muss unverzüglich abtransportiert werden, damit keine unerwünschte Nachzerkleinerung eintritt. Aus diesem Grunde werden Bohrmeißel mit Düsen ausgestattet, die einen hochenergetischen Spülungsstrahl auf die Bohrlochsohle lenken und das Bohrklein auf diese Weise von der Sohle lösen und abtransportieren. Gleichzeitig soll der durch die Düsen erzeugte Hochdruckstrahl Verschmutzungen an den Meißelrollen verhindern.

Da die Meißeldüsen oft mit extremen Strömungsgeschwindigkeiten konfrontiert werden, werden sie aus Hartmetall (zum Beispiel Wolfram Carbid) hergestellt.

Der Durchmesser einer Meißeldüse wird üblicherweise in 32-stel Zoll angegeben, eine „14er" Düse hat demnach einen Durchmesser von knapp einem halben Zoll oder 11,1 mm. Je kleiner die Nennweite der Düse ist, desto gründlicher erfolgt die Bohrlochsohlereinigung, aber desto größer ist auch der anstehende Differenzdruck.

Hier ist im Einzelfall jeweils eine optimale Lösung zu finden. Die Düsen werden mittels Sprengringen in dafür vorgesehenen Öffnungen im Grundkörper des Rollenmeißels fixiert.

2.2.2 Rollenmeißel für weiche Formationen (Zahnmeißel)

In weichen Formationen soll der Bohrmeißel eine grabende Funktion ausführen. Die Rollen sind deswegen mit langen Zähnen ausgestattet. Im Verlauf der Fertigung wird die Rolle samt Zähnen aus einem einzigen Rohling, meist einem Schmiedeteil, herausgefräst.

Beim Bohren werden die Zähne des Meißels in das Lockergestein gedrückt. Durch das Abrollen der Rollen auf der Bohrlochsohle wird das Gestein aus dem

Bild 2.5: Rolle und Lagerung eines Zahnmeißels (Quelle: Ocean Star Drilling Rig Museum and Education Center, Galveston Island, Texas, Foto: Reich)

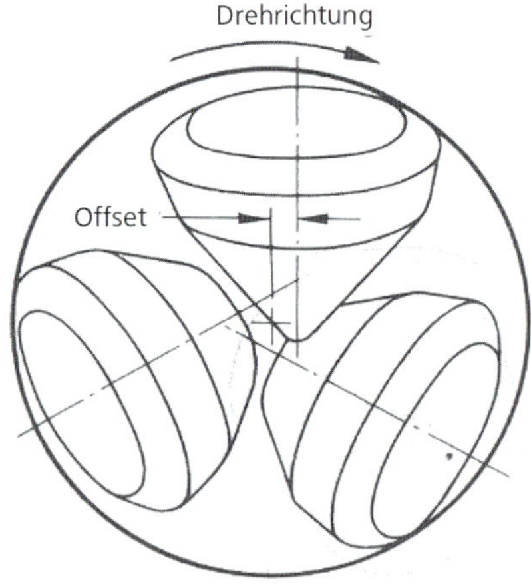

Bild 2.6: Rollenmeißel mit Offset (Arnold, W. et al., 1993)

Verbund gelöst. Je tiefer die Zähne in das Gestein eindringen, desto mehr Gestein kann gelöst werden. Die Zähne eines Zahnmeißels sind daher meist lang und schlank wie in **Bild 2.5** gezeigt.

Normalerweise schneiden sich die Rotationsachsen der drei Meißelrollen im Zentrum des Bohrloches, denn auf diese Weise rollen die Rollen mit geringstem Widerstand auf der Bohrlochsohle ab. Zahnmeißel für besonders weiche Formationen werden jedoch gelegentlich mit einem Offset ausgestattet. Hierbei sind die Rotationsachsen der Rollen aus dem Zentrum der Bohrung heraus verdreht (**Bild 2.6**). Das Offset steigert somit die grabende Wirkung der Zähne im Lockergestein.

2.2.3 Rollenmeißel für harte Formationen (Warzenmeißel)

In harten Formationen muss der Rollenmeißel hohe Punktlasten auf das Gestein ausüben. Wenn die Punktlasten die Druckfestigkeit des Gesteins übersteigen, bricht Bohrklein aus dem Verband aus. Damit möglichst hohe Punktlasten entstehen, sind die Rollen von Warzenmeißeln mit Hartmetall-Inserts bestückt (**Bild 2.7**). Man nennt solche Meißel deshalb auch Insert-Meißel.

Die Bohrgeschwindigkeit, die ein Warzenmeißel im Festgestein erzielt, ist stark abhängig von der eingesetzten Meißelandruckkraft. Man unterscheidet vier typische Bereiche (**Bild 2.8**):

Bild 2.7: Warzenmeißel (Bildarchiv TU Bergakademie Freiberg)

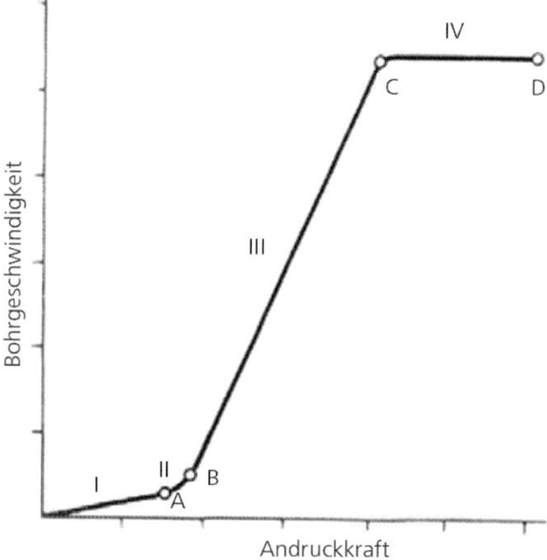

Bild 2.8: Arbeitsbereiche eines Warzenmeißels (Alliquander, Ö., 1968)

Im ersten Bereich ist die Andruckkraft zu gering, als dass die Inserts in das Gestein eindringen könnten. Sie zerkratzen die Oberfläche deshalb nur und die erreichbare Bohrgeschwindigkeit ist äußerst gering. Der Verschleiß an den Inserts ist dagegen erheblich.

Im zweiten Bereich ist die Andruckkraft bereits hinreichend groß, um die Spitzen der Inserts in das Gestein eindringen zu lassen. Das Volumen des ausgebrochenen Gesteins entspricht dem Volumen des eingedrungenen Inserts. Man spricht daher von einer volumetrischen Gesteinszerstörung. Die Bohrgeschwindigkeit ist noch immer gering und der Verschleiß hoch.

Bei weiterer Steigerung des Meißelandrucks gelangt man in den optimalen dritten Bereich der Gesteinszerstörung. Hier ist die Andruckkraft unter den Schneidelementen so groß, dass sich unter jedem eindringenden Insert eine Zone pulverisierten Gesteins bildet. Dieser Zustand führt zu so hohen Spannungen im umgebenden Gestein, dass größere Cuttings abgesprengt werden. Es entstehen kraterähnliche Ausbrüche, die deutlich größer sind, als es einer volumetrischen Gesteinszerstörung entspräche. Deshalb wird dieser Bereich auch Bereich der Kraterbildung genannt. Im Bereich der Kraterbildung können sehr hohe Bohrgeschwindigkeiten erzielt werden. Da das abplatzende Gestein die Inserts kaum berührt, ist der Verschleiß minimal. Insgesamt findet der Warzenmeißel in diesem Bereich seine optimalen Betriebsbedingungen und entfaltet seine maximale Lebensdauer.

Bei weiter steigendem Meißelandruck kann keine weitere Steigerung der Bohrgeschwindigkeit mehr erreicht werden. Entweder ist bereits die Kapazitätsgrenze der Bohrlochreinigung erreicht, oder die Zeit, die den Inserts zum Einwirken auf die Bohrlochsohle zur Verfügung steht, reicht für eine weitere Gesteinszerstörung nicht mehr aus. Oder die maximale Eindringtiefe der einzelnen Inserts ist bereits erreicht und die Rollen sitzen bereits auf dem „Zahnfleisch" zwischen den Inserts auf. Da der Verschleiß hier wieder deutlich zunimmt, sollte ein Rollenmeißel nicht in diesem Bereich eingesetzt werden.

Im Zweifelsfall sollte im praktischen Einsatz der optimale Betriebsbereich des Bohrmeißels durch einen so genannten „Drill-off Test" ermittelt werden.

Der Schwellendruck, oberhalb dessen sich der Bereich der erwünschten Kraterbildung einstellt, liegt meist deutlich (Faktor 5–20) oberhalb der Druckfestigkeit des Gesteins. Warzenmeißel benötigen daher im Allgemeinen sehr hohe Meißelandrücke, um optimal arbeiten zu können.

2.2.4 Rollenmeißel für mittelharte Formationen

Für mittelharte Formationen werden die Rollen des Bohrmeißels mit Schneidelementen ausgestattet, die eine Kombination aus hoher Linienkraft und Eindringtiefe darstellen. Meist werden Rollen verwendet, in die Hartmetall-Inserts eingepresst werden, die von ihrer Form her an die Zähne von Zahnmeißel erinnern (**Bild 2.9**).

Bild 2.9: Rollenmeißel für mittelharte Formationen (Quelle: Bildarchiv TU Bergakademie Freiberg)

2.3 Diamantmeißel

2.3.1 Motivation zur Entwicklung

Rollenmeißel haben den generellen Nachteil, dass sie bewegliche Teile und Lagerungen enthalten. Diese können verschleißen und versagen. Im schlimmsten Fall können sich die Meißelrollen zunächst lösen und schließlich abfallen und mitsamt den Kugeln des Lagers im Bohrloch verbleiben. Das hat dann meistens kostspielige und langwierige Fangarbeiten zur Folge, denn ein Weiterbohren auf den verlorenen Schrottteilen würde die nachfolgenden Meißel beschädigen.

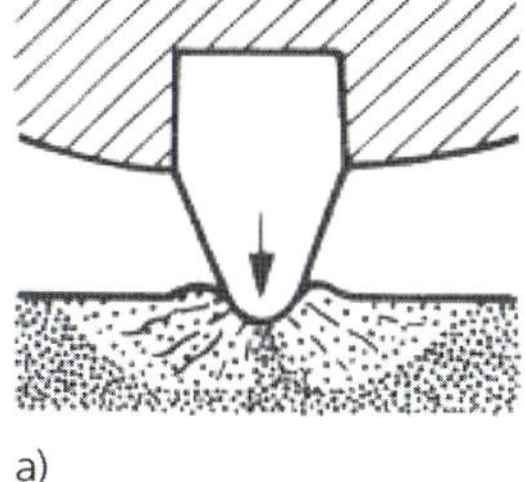

a)

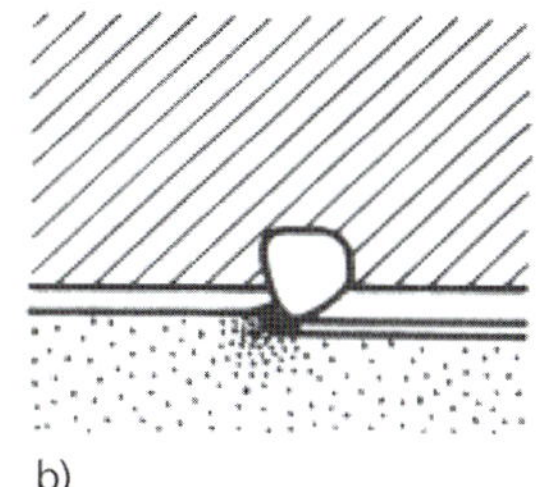

b)

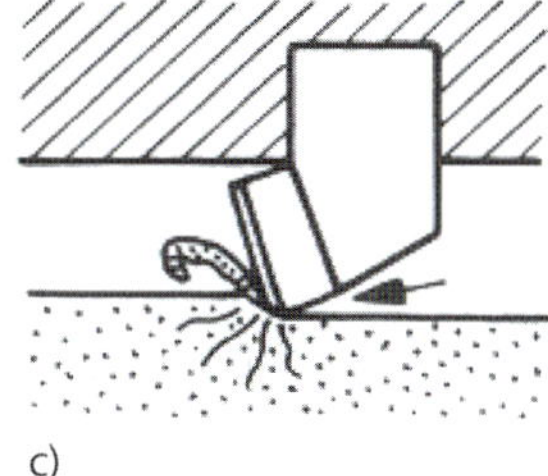

c)

Bild 2.10: a) drückende Gesteinszerstörung bei Rollenmeißeln, b) und c) scherende Gesteinszerstörung bei Diamantmeißeln mit natürlichen und industriell gefertigten Diamanten (Arnold, W. et al., 1993)

Vor diesem Hintergrund gab es deshalb schon in der Mitte des vorigen Jahrhunderts Überlegungen, die darauf abzielten, Bohrmeißel zu entwickeln, die gänzlich ohne bewegliche Teile auskommen sollten. In diesem Zusammenhang fiel der Blick schnell auf Diamanten, das härteste Material der Welt. Diamanten als Schneidelemente sollten aufgrund ihrer Härte grundsätzlich in der Lage sein, jedes Gestein zu zerstören. Ein Meißeldesign, das gänzlich ohne bewegliche Teile auskommen sollte, verlangte jedoch im Gegensatz zu Rollenmeißeln eine scherende Gesteinszerstörung anstelle einer drückenden (vgl. **Bild 2.10**).

Man unterscheidet Diamantmeißel je nach Konstruktionsmerkmalen in oberflächenbesetzte, PDC- und imprägnierte Meißel.

2.3.2 Oberflächenbesetzte Meißel

Bereits in den 1950er Jahren wurden Naturdiamanten in aufwändiger manueller Arbeit in Stahlkronen zur Bohrkerngewinnung eingestemmt. Später wurden auch Vollschnitt-Bohrmeißel auf diese Weise hergestellt. Diese so genannten oberflächenbesetzten Diamantmeißel waren extrem teuer und wurden nur in sehr wenigen Sonderfällen eingesetzt.

Man bemühte sich, das Herstellungsverfahren zu vereinfachen und auf diese Weise die Stückkosten zu reduzieren. So wurde schließlich in den 60er Jahren das Sinterverfahren für oberflächenbesetzte Diamantmeißel zur Marktreife gebracht.

Anstatt jeden einzelnen Naturdiamanten in einen zuvor gefertigten Stahl-Rohling einzupassen und einzupressen, werden beim Sinterverfahren die Naturdiamanten zunächst in einer Form platziert („gesetzt"). Anschließend wird die Form mit speziellem Sinterpulver gefüllt. In einem Ofen werden die Diamanten und das Pulver schließlich zu einem kompakten Bohrmeißel verbacken. Die Diamanten stehen an den Schnittflächen aus der Matrix hervor.

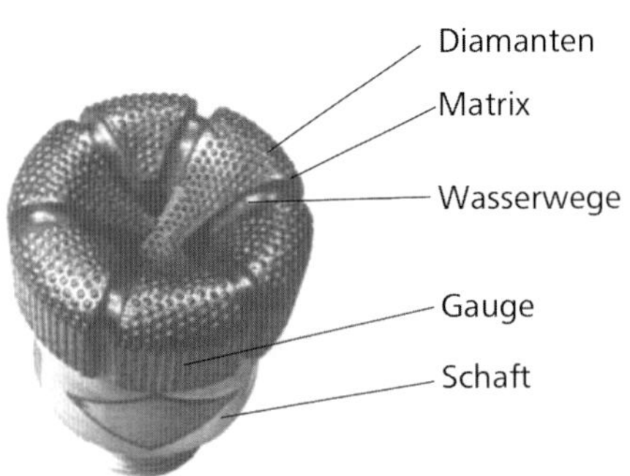

Bild 2.11: Oberflächenbesetzter Diamantmeißel (Christensen)

In **Bild 2.11** ist der typische Aufbau eines oberflächenbesetzten Diamantmeißels zu sehen. Neben seiner stirnseitigen Schnittfläche verfügt der

Meißel über eine seitliche Stützfläche, das Gauge, das dem Meißel Führung in der Bohrung und dadurch ruhige, vibrationsarme Schneideigenschaften verleihen soll. Ebenfalls zu sehen sind die Wasserwege, über die die Bohrspülung auf der Sohle aus dem Meißel austritt. Die Wasserwege werden so platziert, dass alle Diamanten während des Bohrprozesses stets gut gekühlt und gereinigt werden. Ein Versagen der Kühlung kann zu einer Überhitzung der Diamanten und damit zur Zerstörung (Umwandlung zu Kohlenstoff bzw. Ruß) führen.

Trotz der verbesserten Fertigungstechnologie waren die mit dem Sinterverfahren hergestellten oberflächenbesetzten Meißel noch immer sehr teure, in Handarbeit hergestellte Einzelstücke.

2.3.3 PDC-Meißel

In den 1980er Jahren gelang der kommerzielle Durchbruch der Herstellung synthetisch hergestellter Diamantelemente (Industriediamanten). Die synthetischen Diamanten wurden zunächst in Form dreieckiger und später auch runder Elemente angeboten. Sie waren auf dem Markt wesentlich preisgünstiger zu bekommen als Naturdiamanten.

Synthetische Diamanten sind im Gegensatz zu Naturdiamanten keine Einkristalle, sondern bestehen aus vielen mikroskopisch kleinen Kristallen, die zu einer großen Struktur zusammengebacken sind. Aufgrund ihres polykristallinen Aufbaus funkeln Industriediamanten im Licht nicht wie natürliche Diamanten, sondern sehen schwarz und unscheinbar aus. Trotzdem sind sie echte Diamanten und haben auch dieselben Eigenschaften, insbesondere auch dieselbe Härte.

Die Verwendung von Schneidelementen, die alle dieselbe Form aufweisen, ermöglichte eine wesentlich rationellere Herstellung von Diamantmeißeln. Die diamantenen Schneidelemente werden auf Englisch „Polykristallin Diamond Cutters" oder abgekürzt PDC genannt. Bohrmeißel mit Industriediamanten nennt man deshalb PDC-Meißel.

Bild 2.12: Dreieckige und runde PDC-Elemente auf einem Meißel (Foto: Reich)

PDC-Meißel zerstören das Gestein scherend, das heißt sie schaben es gewissermaßen aus dem Verbund (vgl. **Bild 2.12**). Da die Scherfestigkeit von Gesteinen im Allgemeinen deutlich geringer ist als die Druckfestigkeit, können PDC-Meißel in vielen Gesteinen sehr effektiv arbeiten. Besonders effektiv arbeiten sie in allen „mittelharten" Formationen. In extrem harten (zum Beispiel Granit) oder bindigen Formationen bieten sie sich dagegen weniger zum Einsatz an.

Im Vergleich mit Rollenmeißeln ist der Herstellungspreis von PDC-Meißeln immer noch deutlich höher. Andererseits erreichen PDC-Meißel aber zum Teil wesentlich längere Standzeiten und helfen somit, Roundtrips einzusparen, was speziell bei kostspieligeren Bohranlagen ein sehr wichtiges Entscheidungskriterium für einen PDC-Meißel sein kann.

Ebenso bietet sich der Einsatz von PDC-Meißeln bei geringen Bohrungsdurchmessern an, weil Rollenmeißel hier mit sehr kleinen Bauräumen für die Lagerung der Rollen auskommen müssen, was sich insbesondere negativ auf die Belastbarkeit und Lebensdauer des Meißels auswirkt.

PDC-Meißel reagieren empfindlich auf Schläge. In Formationen, die beispielsweise mit Feuersteinen durchsetzt sind oder auch in sehr harten Gesteinen, brechen die Schneidelemente sehr schnell ab, so dass hier andere Meißeltypen eingesetzt werden müssen.

Bild 2.13: PDC-Meißel (Quelle: Bildarchiv TU Bergakademie Freiberg)

Die Rippen, auf denen die Schneidelemente angeordnet sind, werden „Flügel" genannt (**Bild 2.13**). Je nachdem, ob der Meißel mehr oder weniger Flügel besitzt, wie groß die einzelnen Schneidelemente sind und wie viele von ihnen auf dem Meißel platziert wurden, spricht man von einem leicht, mittel oder schwer besetzten Bohrmeißel.

Während ein Rollenmeißel meistens mit drei Meißeldüsen ausgestattet ist, die jeweils zwischen zwei Meißelrollen angeordnet sind, ist die Positionierung der Düsen bei einem PDC-Meißel relativ frei wählbar.

Auch PDC-Meißel besitzen ein seitliches Gauge zur Führung im Bohrloch. Je länger das Gauge ist, desto schwingungsfreier läuft der Meißel und desto glatter ist auch die Bohrlochwand. Ein kürzeres Gauge erlaubt dafür höhere Aufbauraten, verbessert also das Kurvenverhalten im Bohrloch bei Richtbohrarbeiten.

Bild 2.14: „Bi-Center"-Bohrmeißel (Quelle: Fa. Varel International)

Die einzelnen Schneidelemente können so auf dem Meißel platziert werden, dass sie ein wenig seitlich aus der „Fahrtrichtung" heraus gestellt werden („side rake"), ähnlich der Schaufel eines Schneefluges im Winter. Diese Anordnung erleichtert zum einen den Abtransport des Bohrkleins zur Seite, andererseits erzeugt sie aber auch eine Seitenkraft am Schneidelement. Es ist möglich, alle Schneidelemente eines PDC-Meißels individuell seitlich so anzustellen, dass die Summe aller entstehenden Seitenkräfte eine signifikante resultierende Kraft ergibt, die den Meißel beim Bohren kontinuierlich zur Seite drücken will. Stattet man das Gauge an der Stelle des Meißels, auf die die Seitenkraft gerichtet ist, mit einer besonders großen Anlagefläche („side pad") ohne Schneideigenschaften aus, so ergibt sich ein Bohrmeißel mit besonders geringer Neigung zu Schwingungen und Vibrationen. Man spricht in diesem Fall von einem „Anti Whirl Bit".

Die individuellen Schneidelemente können nicht nur in der horizontalen, sondern auch in der vertikalen Ebene zur Bewegungsrichtung angestellt werden. Der resultierende Winkel zwischen der Oberfläche des Schneidelementes und der Bohrlochsohle ist dann kleiner als 90° (vgl. **Bild 2.14**). Man spricht in diesem Fall von einem „back rake" der Schneidelemente. Der Meißel wird mit zunehmendem back rake „gutmütiger" und lässt sich dadurch bei Richtbohrarbeiten leichter lenken. Gleichzeitig verliert er durch das back rake aber auch an Aggressivität und damit Schneidkraft.

Gelegentlich werden PDC-Meißel als „Bi-Center"-Bohrmeißel gefertigt. Diese besitzen einen Pilotmeißel, über dem weitere, nur auf einer Seite angeordnete Erweiterungsflügel angeordnet sind. Ein solcher Bi-Center-Meißel kann durch eine relativ enge bestehende Verrohrung in das Bohrloch eingefahren werden. Wenn unterhalb der Verrohrung die Strangrotation eingeschaltet wird, zentriert sich der Pilotmeißel in der Bohrlochachse, während die nachfolgenden Erweiterungsflügel das Bohrloch auf einen Durchmesser aufweiten, der größer ist als der Innendurchmesser der darüberliegenden Verrohrung.

2.3.4 Imprägnierte Meißel

Alle bisher vorgestellten Bohrmeißel stoßen in sehr hartem und gleichzeitig abrasivem Gestein (zum Beispiel in einigen Buntsandsteinformationen) unter Umständen an ihre Grenzen und müssen nach sehr kurzen Einsatzzeiten bereits wieder ausgewechselt werden. Deshalb wird in solchen Formationen oft ein sehr spezieller Diamantmeißel, der imprägnierte Bohrmeißel, eingesetzt (**Bild 2.15**).

Bild 2.15: Imprägnierte Bohrmeißel (Quelle: Baker Hughes)

Bei imprägnierten Bohrmeißeln liegen die Diamanten in Form winziger Splitter vor, die in eine Matrix eingebettet sind. Beim Bohren verschleißt die weichere Matrix und setzt auf diese Weise immer neue Diamantsplitter an der Oberfläche des Meißels frei. Imprägnierte Bohrmeißel sind insofern selbstschärfend und können in harten und abrasiven Gesteinen lange Standzeiten erreichen.

Allerdings ist die Schnitttiefe aufgrund der Verwendung winziger Diamantsplitter als Schneidelemente nur sehr gering; die Gesteinszerstörung erfolgt „schmirgelnd“. Hinreichende Bohrgeschwindigkeiten lassen sich nur bei sehr hohen Drehzahlen und unter Einsatz großer Andrücke auf die Sohle erreichen. Imprägnierte Bohrmeißel werden deshalb üblicherweise in Verbindung mit Hochgeschwindigkeits-Bohrmotoren oder Turbinen (vgl. Kap. 3.1) eingesetzt.

2.4 Meißelaggressivität

Die in den vorangehenden Kapiteln vorgestellten Bohrmeißel unterscheiden sich deutlich bezüglich des bei einer bestimmten Andruckkraft auf Sohle aufzubringenden Drehmomentes. Der Zusammenhang zwischen der Andruckkraft und dem erforderlichen Moment zur Rotation des Meißels wird Meißelaggressivität genannt:

$$M = \varnothing_{\text{Meißel}} \cdot F_v \cdot Ag$$

M	Drehmoment	[Nm]
$\varnothing_{\text{Meißel}}$	Meißeldurchmesser	[m]
F_v	vorwärts gerichtete Andruckkraft	[N]
Ag	Meißelaggressivität	[–]

Bei einem festgelegten Meißeldurchmesser stellt die Meißelaggressivität einen Proportionalitätsfaktor zwischen der Andruckkraft und dem aufzubringenden Moment dar, ähnlich einem Reibungskoeffizienten.

Stellt man das Moment aufgetragen über der Andruckkraft in einem Diagramm dar (**Bild 2.16**), so weist die Kennlinie des Rollenmeißels die geringste Steigung auf.

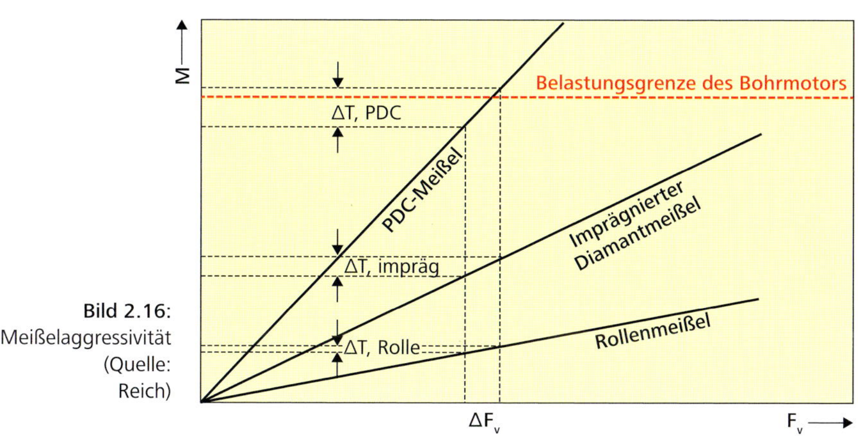

Bild 2.16: Meißelaggressivität (Quelle: Reich)

Die Aggressivität von Rollenmeißeln liegt meist in der Größenordnung von etwa $Ag_{Rollenmeißel} = 0,05$. Die unvermeidlichen Schwankungen der Vorschubkraft ΔFv des Meißels auf der Sohle führen aufgrund der geringen Aggressivität des Rollenmeißels nur zu geringen Drehmomentschwankungen.

Für imprägnierte Bohrmeißel ergeben sich erfahrungsgemäß Meißelaggressivität von $Ag_{imprägniert} = 0,1$, die resultierenden Drehmomentschwankungen sind insofern ausgeprägter als bei Rollenmeißeln.

Bei PDC-Meißeln erreicht die Aggressivität meist Werte von $Ag_{PDC} = 0,2$ bis 0,4.

Die mechanische Leistung P, die ein Bohrmeißel an das Gestein abgibt, kann wie folgt berechnet werden:

$$P = M \cdot 2 \cdot \pi \cdot n$$

Dabei ist n die Drehzahl des Meißels.

Dadurch, dass ein PDC-Meißel mit wesentlich größerem Moment betrieben werden kann, lassen sich (in geeigneten Formationen) auch deutlich höhere Bohrgeschwindigkeiten als mit anderen Bohrmeißeln erzielen. Andererseits treten beim Einsatz von PDC-Meißeln aber auch die deutlichsten Drehmomentschwankungen auf. Dieser Umstand kann die Richtbohrarbeiten erschweren und den Bohrstrang belasten. Falls die Leistungsgrenze des Bohrmotors oder Strangantriebs überschritten wird, kann es außerdem zu einem Abwürgen (engl.: „stalling") kommen.

2.5 IADC-Code

Die Frage, welcher Bohrmeißel für einen ganz konkreten Einsatz der beste ist, ist aus rein technischer Sicht oft schwer zu beantworten. Deshalb sollte nach Möglichkeit auch auf Erfahrungen von vergleichbaren Bohrungen zurückgegriffen werden. Die internationale Vereinigung der Bohranlagenbetreiber (International Association of Drilling Contractors – IADC) hat deshalb ein weltweit anerkanntes System eingeführt, mit dem der Zustand von Bohrmeißel nach ihrem Einsatz in Form eines achtstelligen Codes übersichtlich beschrieben werden kann. Die ersten Zahlen in diesem Code geben an, wie stark die Schneidelemente des Meißels an verschiedenen markanten Positionen verschlissen sind. Die nachfolgenden Zeichen beschreiben eventuell vorgefundene Schäden, den Zustand der Lager, den während des Einsatzes erfahrenen Durchmesserverschleiß und den Grund für den Ausbau des Meißels.

Bei konsequenter Nutzung dieses Systems zur Beschreibung aller Meißelmärsche stellt eine solche Datenbank oft eine erstklassige Entscheidungsgrundlage für die Auswahl eines Meißels für einen bestimmten Einsatz dar.

2.6 Bohrhammer

Harte und spröde Gesteine lassen sich unter Umständen besonders gut durch schlagende Verfahren zerstören. Je nachdem, ob sich das Schlagwerk obertage an der Bohranlage oder unten im Bohrloch befindet, unterscheidet man zwischen Überflur- und Imlochhämmern.

Überflurhämmer unterliegen von ihrem konstruktiven Aufbau her nicht den engen räumlichen Gegebenheiten, wie sie im Bohrloch vorliegen, und können somit größer und schlagkräftiger ausgeführt werden. Andererseits ist ihre Reichweite aber trotzdem stark begrenzt, da mit zunehmender Länge des Bohrgestänges ein großer Teil der Obertage erzeugten Schlagenergie wieder absorbiert wird.

Imlochhämmer entwickeln aufgrund ihrer platzsparenden Konstruktion in der Regel weniger Schlagenergie, diese wirkt jedoch direkt an der Sohle des Gesteins und kann somit effektiv umgesetzt werden.

Es ist bekannt, dass sich mit Bohrhämmern im Hartgestein bis zu zehnfach höhere Bohrgeschwindigkeiten als mit Rollenmeißeln erreichen lassen. Andererseits wiederum ist der Einsatz von Bohrhämmern durch eine Reihe von Faktoren eingeschränkt. Insbesondere gilt das für das Spülungssystem. Der Antrieb eines Bohrhammers erfolgt entweder durch Luft oder durch Klarwasser. Flüssige Bohrspülungen, die Beschwerungsmittel, Zusätze zur Erhöhung der Viskosität und ähnliche Zusatzstoffe enthalten, wie sie in der Rotary-Bohrtechnik oft verwendet werden müssen, sind für den Bohrhammerbetrieb aus konstruktiven Gründen meist nicht geeignet. Weiterhin erzeugt ein Bohrhammer extreme Schwingungen und Vibrationen im Bohrstrang, was den Einsatz empfindlicher Mess- und Steuertechnik, wie sie für Richtigbohrarbeiten erforderlich sind, verbietet.

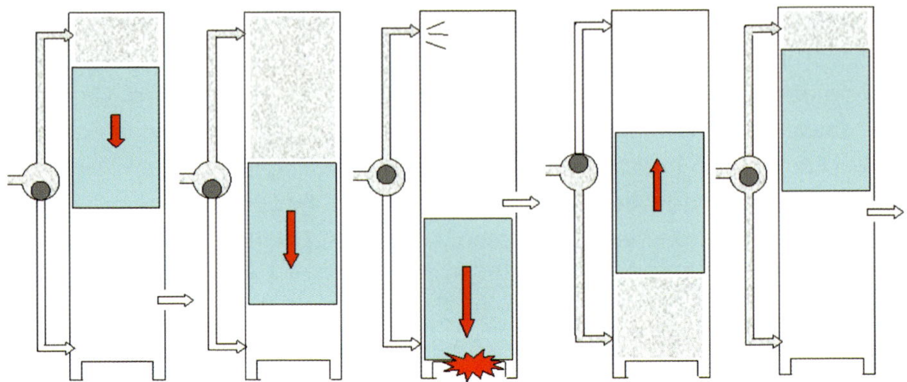

Bild 2.17: Funktionsprinzip eines luftbetriebenen Imloch-Bohrhammers (Quelle: Reich)

Bei Bohrungen im Hartgestein, die mit Luft oder Klarwasser als Spülung auskommen können und bei denen keine richtbohrtechnischen Anforderungen gestellt werden, stellen Bohrhämmer aufgrund ihrer hohen Bohrgeschwindigkeit aber eine äußerst interessante Option dar (**Bild 2.17**).

Ein Bohrhammer speist das Bohrfluid (in der Regel Luft oder Wasser) abwechselnd in den Raum unter- und oberhalb eines Schlagbolzens in den Bohrhammer ein. Der Schlagbolzen wird darauf hin stark beschleunigt und schlägt am Ende seines abwärts gerichteten Hubes auf einen Amboss auf, der die Schlagenergie auf das Bohrwerkzeug überträgt.

Ähnlich wie bei Rollenmeißeln unterscheidet man Schlagbohrköpfe mit Schneiden (**Bild 2.18a** und **b**) und solche mit Inserts. Damit die gesamte Fläche der Bohrlochsohle mit Schlagenergie versorgt werden kann, muss ein Umsetz-Mechanismus dafür sorgen, dass der Schlagkopf jeweils zwischen zwei Schlägen um einen gewissen Betrag rotiert wird. Speziell bei luftgetriebenen Bohrhämmern ist dabei zu beachten, dass sich der Bohrkopf bei übermäßiger Drehgeschwindigkeit stark erhitzen kann. Anstatt die Drehzahl zu steigern, um die Bohrgeschwindigkeit zu erhöhen, erweist es sich oft als zweckdienlicher, die Andruckkraft zu erhöhen und dadurch größere Spandicken zu erzeugen.

Luftdruck und Bohrgeschwindigkeit sind beim Bohren mit luftgebriebenen Imloch-Hämmern meist direkt proportional. Doppelter Luftdruck führt somit zu erhöhter Schlagkraft und gesteigerter Schlagfrequenz, was sich in etwa in doppelter Bohrgeschwindigkeit äußert. Die üblichen Kompressoren haben aber nur maximale Betriebsdrücke von 400 psi, was 28 bar entspricht. Insofern ist der Maximaldruck in der Praxis oft auf diesen Bereich beschränkt.

Bei hydraulischen Hämmern ist die Reichweite dadurch begrenzt, dass die Wassersäule im Bohrgestänge bei jedem Schlag kurzzeitig angehalten und wieder beschleunigt werden muss. Mit zunehmender Tiefe der Bohrung wird ein immer größerer Anteil der zur Verfügung stehenden Pumpenergie zur ständigen Beschleunigung der Spülung eingesetzt. Der Wirkungsgrad dieses Bohrverfahrens wird deshalb im Verlauf der Bohrung immer geringer.

a)

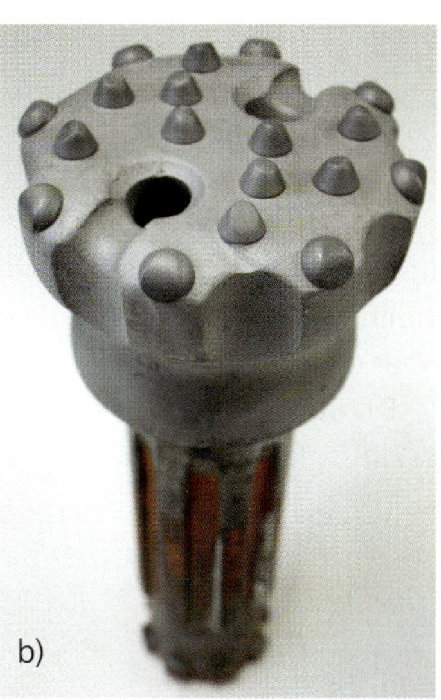
b)

Bild 2.18 a + b: Schlagbohrköpfe (Quelle: Bildarchiv TU Bergakademie Freiberg)

3.
Bohrmeißeldirektantriebe

Die Gesamtkosten einer Bohrung sind immer eng mit der Bohrgeschwindigkeit verknüpft. Deshalb gehen alle Bestrebungen in die Richtung, die Bohrgeschwindigkeit zu maximieren. Eine Steigerung der Bohrgeschwindigkeit lässt sich vor allem dadurch erreichen, dass der Bohrmeißel mit höherer Kraft in die Formationen gedrückt und der Bohrmeißel mit höherer Drehgeschwindigkeit rotiert wird. Die Kombination von gesteigertem Meißelandruck und erhöhter Drehzahl des Gestänges führt jedoch zu erhöhtem Verschleiß des Bohrgestänges, was wiederum die Gesamt-Projektkosten erhöht.

Meißeldirektantriebe dienen dazu, die Antriebsenergie für den Bohrmeißel nicht Obertage an der Bohranlage, sondern direkt am Bohrmeißel zu erzeugen. Man unterscheidet zwischen Turbinen und Bohrmotoren.

3.1 Turbine

Erste Patente für Bohrturbinen wurden bereits im Jahr 1923 erteilt, die ersten Turbineneinsätze im Feld fanden wenig später, im Jahr 1924, statt.

Eine Turbinenstufe besteht aus einem Stator und dem Laufrad. Die Schaufeln des Stators leiten die Bohrspülung so um, dass sie im optimalen Winkel auf die Schaufeln des Laufrades auftrifft. Der beim Aufprall entstehende Impuls liefert die Antriebsenergie für die Bohrturbine, das Laufrad (bzw. der Rotor) wird in Drehung versetzt.

Eine Bohrturbine ist ein offenes, dynamisches System. Eine geringe Spülungsrate kann das System durchfließen, ohne den Rotor dabei in Rotation zu versetzen. Mit steigendem Volumenstrom wird der Impuls der auf die Rotorschaufeln aufprallenden Spülung größer und die Turbine beginnt sich zu drehen. Je mehr Spülung das System durchströmt, desto intensiver ist der Impuls auf die Rotorschaufeln und desto höher ist sowohl die Drehzahl als auch das Drehmoment der Turbine. Da sich die abgegebene mechanische Leistung der Turbine nach der Beziehung

$$P = M \cdot 2 \cdot \pi \cdot n$$

ergibt (M ist das Drehmoment und n die Drehzahl), steigt die Leistung der Turbine folglich mit dem Quadrat des Volumenstroms an. Anders herum ausgedrückt verliert eine Turbine jedoch bei einer Halbierung des Volumenstroms bereits drei Viertel ihrer Leistung. Deshalb eignet sich der Einsatz einer Turbine oft nicht bei geringen Volumenströmen.

Der Differenzdruck, den die Bohrspülung beim Durchströmen der Turbine erfährt, ändert sich beim Durchfahren verschiedener Betriebspunkte nur in geringem Maße und kann daher kaum als Indikator für den Betriebszustand der Turbine auf Sohle herangezogen werden.

Die ersten Turbinen verfügten lediglich über ein einziges Stator- und ein Turbinenrad. Das nutzbare Drehmoment war entsprechend gering und die Bohrmeißel tendierten dazu, bereits bei moderatem Andruck in die Formationen stehenzubleiben. Durch Hintereinanderschalten mehrerer Turbinenstufen (**Bild 3.1**) konnte die Leistung deutlich gesteigert werden. Allerdings wurde dadurch der Aufbau der Turbine komplexer und die Wartung und Herstellung entsprechend aufwändiger und teurer.

Bild 3.1: Aufbau einer Bohrturbine (Quelle: Christensen)

Die Drehzahl einer Bohrturbine wird neben dem Volumenstrom stark vom abgeforderten Drehmoment am Bohrmeißel beeinflusst. Je größer die Last am Meißel ist, desto geringer ist auch die Drehzahl der Turbine.

Da das aktuelle Drehmoment am Bohrmeißel beim Bohren mit einer Turbine im Allgemeinen nicht bekannt ist, ist eine Bestimmung der konkreten Drehzahl des Bohrmeißels auf der Bohrlochsohle in der Praxis schwierig oder sogar unmöglich.

Bei sehr hohem Meißelandruck kann es passieren, dass der Bohrmeißel stehen bleibt, bei sehr geringem Meißelandruck (beispielsweise beim Abheben des Werkzeugs von der Sohle) kann der Bohrmeißel extrem hohe Drehgeschwindigkeiten erreichen.

Zur Zeit der Entwicklung der Bohrturbine gab es auf dem Markt praktisch nur Rollenmeißel. Rollenmeißel sind jedoch sehr empfindlich in Bezug auf extrem hohe Drehzahlen. Sehr hohe Drehzahlen führen dazu, dass die Lebensdauer des Rollenmeißels, die durch die Anzahl der Meißelumdrehungen ausgedrückt wird, sehr stark verkürzt wird und entsprechend häufige Roundtrips zum Auswechseln des Bohrmeißels erforderlich sind. Man versuchte deshalb, die Drehzahl der Turbinen durch Zuschalten von Getrieben zu reduzieren, aber dadurch wurde auch der ohnehin schon schwache Wirkungsgrad der Turbine weiter verringert.

Aufgrund ihrer komplexen Bauweise und relativ schwierigen Handhabung werden Bohrturbinen heute meist nur in Nischenmärkten eingesetzt, beispielsweise in sehr heißen Bohrlöchern, in denen die Temperatur über 150 °C beträgt. Da Turbinen nämlich im Gegensatz zu Bohrmotoren keinerlei Gummibauteile enthalten, sind sie unempfindlich gegenüber Erhitzung.

3.2 Bohrmotor

Im Jahr 1932 entwickelte Moineau das Prinzip der nach ihm benannten Verdrängerpumpe. Diese Pumpe verfügt über ein mit Elastomer (Gummi) ausgekleidetes Statorrohr, in dem sich ein Rotor aus Stahl befindet. Die Kontur des Elastomers entspricht dabei der Abrollkurve des Rotors. Aufgrund dieser Formgebung bilden Rotor und Stator entlang der Längsachse des Motors viele diskrete, gegeneinander abgedichtete Kammern, in denen sich das zu transportierende Fluid befindet. Die Dichtung zwischen den individuellen Kammern wird durch eine leichte Presspassung zwischen Rotor und Stator gewährleistet. Wird der Rotor in Drehung versetzt, so bewegen sich die diskreten Kammern von einem Ende zum anderen durch das System hindurch. Bei jeder Umdrehung des Motors wird ein ganz bestimmtes Volumen des Fluids gefördert. Aufgrund der sehr klaren Zuordnung von Verdrehungswinkel des Rotors und gefördertem Volumen werden Verdrängerpumpen nach dem Moineau-Wirkprinzip zum Beispiel in der Lebensmittelindustrie gern als Dosierpumpen eingesetzt. Dadurch, dass sich die Kammern durch das System bewegen, ohne dass das in ihnen enthaltene Fluid durchmischt oder gequetscht wird, lassen sich auch Fluide mit gröberen und empfindlichen Feststoffteilchen, zum Beispiel Johannisbeermarmelade mit ganzen Früchten, mit solchen Pumpen fördern. Auch hochviskose oder breiartige Substanzen lassen sich problemlos transportieren.

Es lag nahe, das Moineau'sche Wirkprinzip auch zur Herstellung von Bohrmotoren einzusetzen. Dabei wird die Bohrspülung, die durch das Bohrgestänge zum Meißel geführt wird, zur Bereitstellung mechanischer Antriebsenergie am Meißel genutzt.

Erste derartige Bohrmotoren für Feldeinsätze wurden im Jahr 1966 hergestellt. Der Produktionsprozess gestaltete sich jedoch als sehr schwierig, die Lebensdauer im Einsatz war in der Regel sehr kurz. Trotzdem zeigten Bohrmotoren im Vergleich zu Turbinen sehr interessante Vorteile. Zum einen konnten sie mit deutlich kleineren Drehzahlen betrieben werden, wodurch sie sich besser für die damals üblichen Rollenmeißel eigneten, zum anderen waren sie im Bohrbetrieb auch leichter zu überwachen und zu bedienen. Weiterhin zeigten sie auch deutlich bessere Wirkungsgrade, besonders bei reduzierter Spülungsmenge und stellten damit das effektivere Bohrsystem für den praktischen Einsatz dar. Durch konstruktive Maßnahmen ist es möglich, einen Bohrmotor auf ganz konkrete

Bild 3.2: Aufbau eines Bohrmotors (Quelle: Christensen)

Einsatzbedingungen abzustimmen. So gibt es beispielsweise heutzutage Bohrmotoren mit hohem Drehmoment zum Einsatz mit PDC-Bohrmeißeln, Bohrmotoren mit geringer Drehzahl zum Einsatz mit Rollenmeißeln oder Hochgeschwindigkeits-Bohrmotoren zum Einsatz mit imprägnierten Diamantmeißeln.

In den 1980er Jahren setzten sich Bohrmotoren als Standardwerkzeuge für die aufblühende Richtbohrtechnik durch. Auch heute noch zählen sie weltweit zu den erfolgreichsten und zuverlässigsten Richtbohr-Werkzeugen.

In Analogie zu den eingangs erwähnten Dosierpumpen besteht bei Bohrmotoren eine direkte Proportionalität zwischen dem gepumpten Volumenstrom und der Drehzahl des Motors. Eine Erhöhung des Volumenstroms um einen konkreten Prozentsatz führt also in erster Näherung auch zu einer entsprechenden Erhöhung der Motordrehzahl. Ebenso besteht eine direkte Proportionalität zwischen dem Drehmoment am Bohrmeißel und dem sich ergebenden operativen Differenzdruck am Bohrmotor. Die Überwachung von Spülungsdruck und Spülungsstrom an der obertägigen Bohranlage liefert somit verlässliche Aussagen über das aktuelle Drehmoment und die Drehzahl am untertägigen Meißel.

3.2.1 Leerlauf- und Arbeitsdruckverlust

Um einen Bohrmotor in Rotation zu versetzten, muss zunächst die innere Reibung überwunden werden. Der Motor beginnt sich erst dann zu drehen, wenn ein gewisser Mindest-Differenzdruck anliegt. Dieser Differenzdruck wird Leerlauf-Druckverlust genannt.

Sobald zusätzliches Drehmoment abgefordert wird, beispielsweise dadurch, dass der Bohrmeißel auf Sohle gefahren und angedrückt wird, steigt der Druckverlust über den Antriebsteil des Motors weiter an. In erster Näherung kann

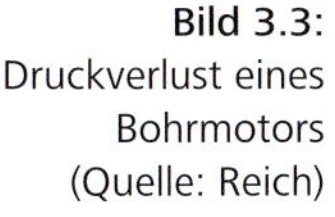

Bild 3.3: Druckverlust eines Bohrmotors (Quelle: Reich)

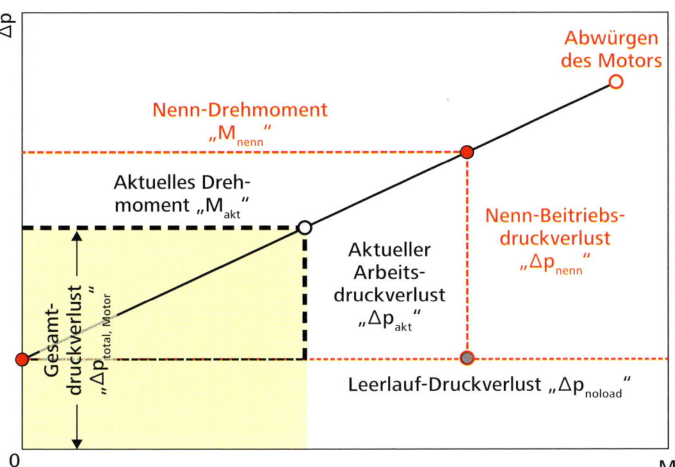

davon ausgegangen werden, dass dieser Arbeits-Druckverlust am Motor dem Drehmoment am Meißel proportional ist.

Der Gesamt-Druckverlust über einen Bohrmotor setzt sich demnach zusammen aus dem (konstanten) Leerlauf-Druckverlust plus dem drehmomentabhängigen Arbeits-Druckverlust.

Seinen maximalen Druckverlust erreicht ein Bohrmotor dann, wenn er überlastet und infolgedessen abgewürgt wird und stehen bleibt. Da sich der Bohrmeißel in diesem Zustand aber nicht mehr dreht, gibt der Motor in diesem Betriebszustand keine Leistung mehr ab.

3.2.2 Leistungsdiagramm (Performance Chart)

Wenn man weiß, mit welchem Volumenstrom der Bohrmotor beschickt wird und welchen Arbeits-Druckverlust er im Bohrstrang hervorruft, kann man aus einem zugehörigen Leistungsdiagramm ersehen, mit welchem Drehmoment und mit welcher Drehzahl sich der Meißel auf der Sohle bewegt.

Der Volumenstrom, der durch den Bohrstrang fließt, sollte bekannt sein, da er meist direkt an der Pumpe, zum Beispiel in Form von Pumpenhüben pro Minute, angezeigt wird.

Der Druckverlust, der über dem Bohrmotor ansteht, lässt sich aus einfachen Messungen bestimmen.

- Der Leerlauf-Druckverlust des Motors ergibt sich beim Einbauen des Motors durch einen einfachen Test Obertage. Die Pumpe wird vorsichtig angefahren, der Leerlauf-Druckverlust ist derjenige Druck, bei dem der Motor zu rotieren beginnt.
- Der Arbeits-Druckverlust auf Sohle kann ermittelt werden, indem zunächst bei laufenden Spülpumpen der Pumpendruck bei von Sohle gezogenem Bohrmeißel und anschließend der Pumpendruck bei auf Sohle gesetztem Bohrmeißel festgehalten wird. Die Differenz der beiden Druckwerte ist der gesuchte Arbeits-Druckverlust für den entsprechenden Meißelandruck.

Speziell bei HDD-Anwendungen ergibt sich allerdings das Problem, dass der tatsächliche Meißelandruck aufgrund der Reibungskräfte im stark geneigten Bohrloch oft nicht bekannt ist. Um die Reibungseinflüsse so gut es geht zu minimieren, sollte der Test bei rotierendem Gestänge durchgeführt werden.

Untertagesensoren in Meißelnähe, die die tatsächliche Andruckkraft ermitteln, sind auf dem Markt verfügbar.

Die Charakteristik eines Bohrmotors kann am besten in Form eines Leistungsdiagrammes dargestellt werden. Um ein solches Diagramm zu ermitteln, wird der Motor auf einem Teststand mit einem konstanten Volumenstrom betrieben, während eine Bremse für ein immer weiter steigendes Drehmoment sorgt. In den weiteren Kapiteln wird davon ausgegangen, dass die Drehzahl des (idealen) Motors nur vom Volumenstrom abhängt, sie müsste bei dem Versuch also konstant bleiben. Reale Motoren weisen jedoch Verluste auf, deshalb sinkt die Drehzahl mit wachsendem Moment. Im Leistungsdiagramm ergibt sich dadurch für jeden Volumenstrom anstelle einer senkrechten eine leicht gekrümmte Linie (**Bild 3.4**).

Wenn man die Punkte gleichen Druckabfalls miteinander verbindet, erhält man Isobaren. Für ideale Motoren verliefen sie im Diagramm waagerecht, für reale Motoren ergeben sich jedoch wieder leicht gekrümmte Verläufe.

Zwar stellen alle Hersteller von Bohrmotoren die Zusammenhänge zwischen Druckverlust und Drehmoment sowie Volumenstrom und Drehzahl für ihre Produkte in Form von Leistungsdiagrammen bereit, allerdings verwenden sie dazu leider unterschiedliche Darstellungsweisen. Insofern ist ein direkter Vergleich verschiedener Bohrmotoren oft erschwert.

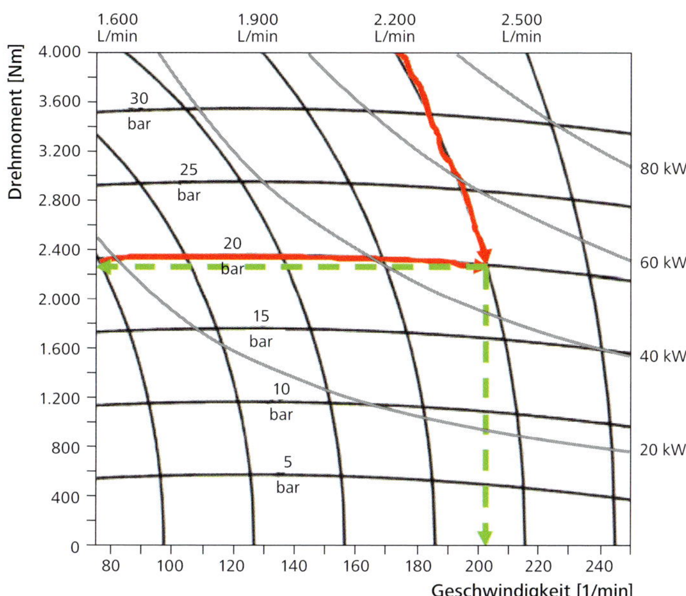

Bild 3.4: Leistungsdiagramm eines Bohrmotors (aus dem Baker Hughes Motor Handbuch)

Hier soll nur ein konkretes Beispiel eines Leistungsdiagrammes vorgestellt werden (**Bild 3.4**). Wird der gezeigte Motor mit einem Volumenstrom von 2.200 L/min und einem Arbeitsdruckverlust von 20 bar betrieben, so ergibt sich eine Meißeldrehzahl von 203 U/min und ein Moment am Bohrmeißel von 2.300 Nm. Das Diagramm erlaubt weiterhin die Ermittlung der aktuellen Leistung des Bohrmotors in kW. Dazu ordnet man den Betriebspunkt in die Linien ein, die an der Skala rechts im Diagramm beginnen. Im vorliegenden Beispiel liefe der Motor mit ca. 48 kW Leistung.

3.2.3 Wirkungsgrad

Ein Bohrmotor wandelt hydraulische Leistung, die er aus der Bohrspülung bezieht, in mechanische Leistung um, die er an den Bohrmeißel abgibt.

Die hydraulische Leistung, die der Bohrmotor der Spülung entnimmt, ist durch den Volumenstrom Q und den Druckverlust Δp (Leerlauf- plus Arbeits-Druckverlust) über den Bohrmotor gekennzeichnet:

$$P_{hydr} = \Delta p \cdot Q$$

Die mechanische Leistung, die der Motor abgibt, hängt vom Drehmoment am Bohrmeißel M und von der Drehzahl des Motors n ab:

$$P_{mech} = M \cdot 2\pi n$$

Ein realer Motor kann nicht die gesamte zugeführte hydraulische Leistung in mechanische Nutzleistung umsetzen. Stattdessen treten mechanische und hydraulische Verluste auf, die dazu führen, dass die abgegebene mechanische Leistung geringer als die zugeführte hydraulische Leistung ist. Als Maß für die Effizienz des Motors wird sein Gesamt-Wirkungsgrad herangezogen, der aus einem mechanischen und einem hydraulischen Anteil besteht.

Der hydraulische Wirkungsgrad gibt an, inwieweit die theoretische Drehzahl des idealen Motors durch reale Leckageströme im Antriebsteil vermindert wird. Der mechanische Wirkungsgrad gibt an, wie viel der erzeugten mechanischen Leistung des Motors in Form innerer Reibungsverluste verloren geht.

Meist reicht es aus, den Gesamt-Wirkungsgrad des Motors zu betrachten. Es gilt:

$$\eta_{Motor} = \frac{P_{mech}}{P_{hydr}}$$

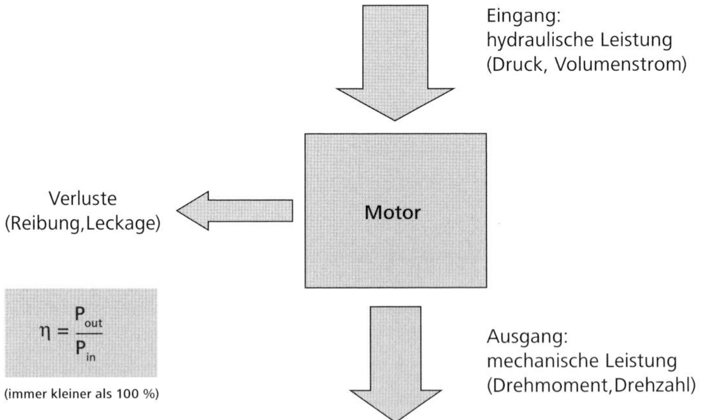

Bild 3.5: Wirkungsgrad eines Bohrmotors (Quelle: Reich)

6 3/4" M4XL-P X-treme™ Motor	
General Tool Specifications	
Length	31,5 ft (9,6 m)
Weight	2.756 lbs (1.250 kg)
Top Connection	NC 50
Bit Connection	4 1/2" API Reg. Box
Max. OD (at Wear Pad)	7,4 inch (188 mm)
Bearing Type	Mud lubricated Bearing Section (Diamond Bearing available on request)
Drive Mechanism	Mud Flow
Performance Data	
Lobe Configuration	1/2
Flow Rate	265–530 qpm (1.000–2.000 L/min)
Speed	450–900 RPM
Operating Differential Pressure	1.960 psi (135 bar)
Operating Torque	2.880 ft-lbs (3.900 Nm)
Maximal Differential Pressure	2.610 psi (180 bar)
Maximum Torque	3.845 ft-lbs (5.210 Nm)
Power output	493 HP (368 kW)
No Load Pressure	174 psi (12 bar)
Rotor Nozzle	No
Maximum Flow Rate w/Nozzle	–
Operational Data	
Maximum WOB	45.000 lbs (200 kN)
Operating WOB	30.300 lbs (135 kN)
Defl. Device Type	adjubstable
Defl. Angle	0°–2,75°
Maximum DLS and String Rotation	Depends on AKO setting, stabilization, hole size
Mud Type Limitation	No general limitation (in case of uncommon mud system a rubber/mud compatibility test is recommended)
Temperature (Stator System D)	320 °F (160 °C)
Temperature (Stator System F)	375 °F (190 °C)
Maximum Sand Content	1 %

Bild 3.6: Beispiel für ein Motor-Datenblatt (Baker Hughes)

Um den Wirkungsgrad eines Motors zu berechnen, braucht man folglich den Gesamt-Differenzdruck, den Volumenstrom, das Drehmoment am Bohrmeißel und die Drehzahl. Diese vier Eingabedaten müssen sich alle auf denselben Betriebspunkt beziehen, sonst ergeben sich irreale Werte.

Betrachten wir hierzu ein Beispiel. Das Datenblatt eines Hochleistungs-Bohrmotors (6 ¾" Durchmesser, **Bild 3.6**) gibt an, dass der Motor eine Drehzahl von 220 U/min erzeugt, wenn er von einem Volumenstrom von 2.500 L/min durchströmt wird. Weiterhin wird der optimale Betriebspunkt des Motors mit einem Drehmoment von 11.760 Nm bei einem Arbeits-Druckverlust von 90 bar angegeben. Der Leerlauf-Druckverlust des Motors beträgt 24 bar. Daraus ergeben sich folgende Zusammenhänge:

Zugeführte hydraulische Leistung

$$P_{hydr} = \frac{2{,}5\,m^3}{60\,s} \cdot (90 + 24)\,bar = 475\,kW$$

abgegebene Leistung am Bohrmeißel

$$P_{mech} = 11.760\,Nm \cdot 2\pi \cdot \frac{220\,U}{60\,s} = 270{,}9\,kW$$

Gesamt-Wirkungsgrad des Bohrmotors

$$\eta = \frac{270{,}9\,kW}{475\,kW} = 57\,\%$$

Wirkungsgrade über 60 % sind mit Skepsis zu betrachten. Bei ihrer Berechnung wurde möglicherweise der Leerlauf-Druckverlust nicht berücksichtigt oder die Eingabedaten bezogen sich nicht alle auf denselben Betriebspunkt. Im Zweifelsfall ist eine erneute Berechnung vorzunehmen.

3.2.4 Konstruktiver Aufbau

3.2.4.1 Antriebsteil (Power Section)

Der Antriebsteil eines Bohrmotors besteht aus dem Rotor und dem Stator. Auf dem Außendurchmesser des Rotors befinden sich mehrere korkenzieherförmig gewundene Ausbuchtungen, die so genannten „Lobes" (**Bild 3.7**). Sie sind üblicherweise zum Schutz vor Verschleiß mit Hartmetall beschichtet und poliert.

Das Statorrohr ist auf seinem Innendurchmesser mit einem Elastomer beschichtet, das dem Stator die charakteristische Kontur verleiht. Sie ist so beschaffen, dass der Rotor in ihr abrollen kann. Entsprechend weist der Stator eine Einbuchtung mehr auf, als der Rotor Ausbuchtungen besitzt. In **Bild 3.8** ist zu erkennen, wie verschiedene Rotoren und Statoren ineinander greifen und auf diese Weise voneinander isolierte Kammern für die Spülung ausbilden. Im Beispiel in **Bild 3.9** besitzt der Rotor fünf Auswölbungen und der Stator sechs Ausbuchtungen. Man spricht in diesem Fall von einem 5/6 (gesprochen: „fünf-sechs")-gängigen Motor.

Bild 3.7: Rotor und Stator eines Bohrmotors (Quelle: Baker Hughes)

Grundsätzlich lassen sich Bohrmotoren beliebiger Gangzahl herstellen. Die Gleichungen in **Bild 3.9**, die aus dem Baker Hughes Motorhandbuch entnom-

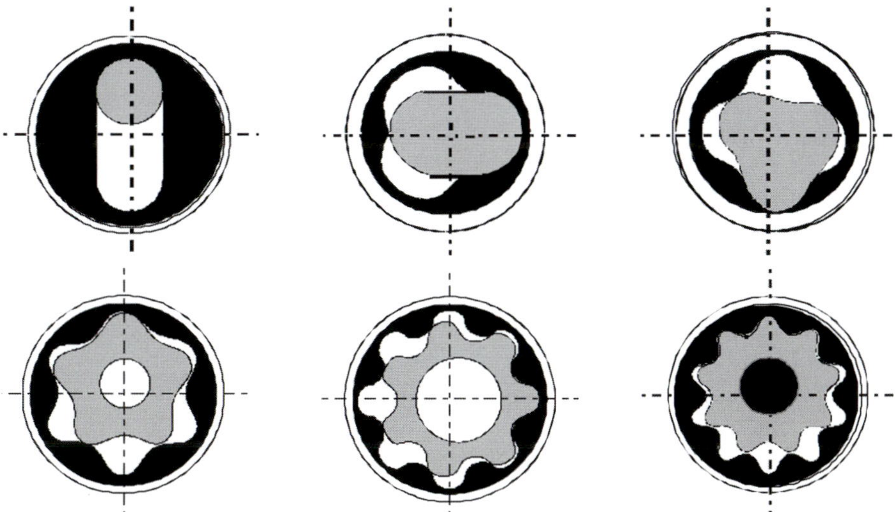

Bild 3.8: Rotor/Stator-Konfigurationen (Quelle: Baker Hughes)

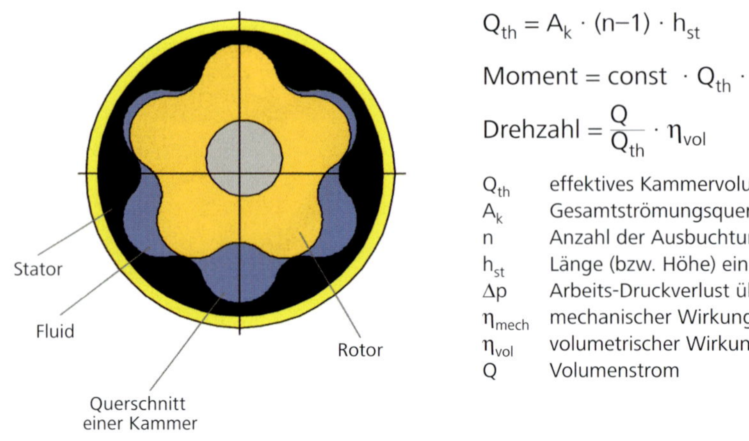

$$Q_{th} = A_k \cdot (n-1) \cdot h_{st}$$

$$\text{Moment} = \text{const} \cdot Q_{th} \cdot \Delta p \cdot \eta_{mech}$$

$$\text{Drehzahl} = \frac{Q}{Q_{th}} \cdot \eta_{vol}$$

Q_{th}	effektives Kammervolumen
A_k	Gesamtströmungsquerschnitt
n	Anzahl der Ausbuchtungen des Stators
h_{st}	Länge (bzw. Höhe) einer Kammer
Δp	Arbeits-Druckverlust über den Motor
η_{mech}	mechanischer Wirkungsgrad
η_{vol}	volumetrischer Wirkungsgrad
Q	Volumenstrom

Bild 3.9: Grundlagen der Auslegung eines Bohrmotors (Baker Hughes)

men sind, beschreiben den Zusammenhang zwischen dem Drehmoment und der Drehzahl eines Bohrmotors. Die Gangzahl n ist durch das effektive Kammervolumen repräsentiert. Bei der Berechnung des Drehmomentes steht das effektive Kammervolumen im Zähler, eine hohe Gangzahl führt folglich zu einem hohen Drehmoment des Motors. Bei der Berechnung der Drehzahl des Motors finden wir das effektive Kammervolumen dagegen im Nenner, eine hohe Gangzahl hat somit eine geringe Drehzahl des Motors zur Folge. Motoren mit besonders hoher Gangzahl sind folglich typische Langsamläufer, ½-gängige Konfigurationen werden in Hochgeschwindigkeits-Bohrmotoren eingesetzt. Langsam laufende Bohrmotoren entwickeln generell höhere Drehmomente als schnell laufende. Da mit steigender Gangzahl aber auch mehr Kontaktflächen zwischen Rotor und Stator entstehen, treten auch immer größere Reibungsverluste auf, wodurch der mechanische Wirkungsgrad sinkt. In der Praxis werden deshalb von den meisten Anbietern maximal 5/6- oder 7/8-gängige Motoren offeriert.

Ein optimaler Hochleistungs-Antriebsteil besitzt eine Presspassung zwischen Rotor und Stator, damit keine Leckageströme zwischen den einzelnen Kammern auftreten können. Je größer die Pressung, desto effektiver die Dichtung und desto größer das verfügbare Arbeits-Drehmoment des Motors, desto größer aber auch der Verschleiß und desto geringer sein Wirkungsgrad.

In der Praxis wird man daher stets bemüht sein, den optimalen Kompromiss zwischen Wirkungsgrad und Langlebigkeit des Bohrmotors zu finden.

Insbesondere ist auch zu beachten, dass das Elastomer im Einsatz im Bohrloch aufgrund von Temperatur und eventuell auch chemischen Einflüssen schwellen kann, sodass die Pressung im Betrieb zunimmt. Unter Umständen ist es sogar erforderlich, den Motor bei der Montage mit einer Spielpassung zwischen Rotor und Stator auszustatten, die erst im Einsatz im Bohrloch die optimale Dichtwirkung entfaltet.

Aufgrund der erforderlichen Abdichtung der Kammern des Antriebsteils zueinander ist die Auskleidung des Stators mit einem Elastomer (Gummi) zwingend nötig. Gleichzeitig stellt das Elastomer im Motor aber auch ein sehr kritisches Bauteil dar. Die Kontur des Elastomers ist nur dann stabil, wenn die Anbindung an das umgebende Stahlrohr sicher gewährleistet ist. Bei sehr hohen Temperaturen kann das Bindungssystem (der „Klebstoff" zwischen dem Elastomer und dem Stahlrohr) aber versagen. Die meisten marktüblichen Bohrmotoren sind deshalb für eine maximale Einsatztemperatur spezifiziert.

Eine fehlerhafte Bindung des Elastomers an das Statorrohr kann aufgrund einer erhöhten Walkarbeit im Gummi zur weiteren Überhitzungen des Elastomers führen. Insofern fällt ein vorgeschädigter Motor oft innerhalb weniger Stunden aus und beginnt „Gummi zu spucken".

Aber auch Reaktionen des Elastomers mit der Bohrspülung können über Schwellungen und Härteänderungen des Elastomers zu Überhitzungen und schließlich Schäden und Werkzeugausfällen führen. Aus diesem Grunde ist es sehr wichtig sicherzustellen, dass die eingesetzte Bohrspülung mit dem Elastomer des Motors kompatibel ist. Die Hersteller von Bohrmotoren bieten deshalb spezielle Tests an, mit denen die Verträglichkeit bestimmter Bohrspülungen mit dem gewählten Bohrmotor nachgewiesen werden können.

Bei eventuellen Unverträglichkeiten muss ein alternativer Elastomertyp eingesetzt werden. Auch in Bezug auf die Leistungsfähigkeit kann das Elastomer im Motor eine Schwachstelle darstellen. Je größer das am Bohrmeißel abgeforderte Drehmoment ist, desto größer ist auch der Druckabfall über den Antriebsteil des Motors. Damit wächst auch der Druckunterschied des Inhaltes benachbarter Kammern an, die Rotor und Stator ausbilden. Wird dieser Druckunterschied zu groß, so setzen Leckageströme zwischen den Kammern ein, was einen Verlust an Motordrehzahl und Leistung zur Folge hat. Im Extremfall bleibt der Motor ganz stehen, er wird abgewürgt („motor stalling").

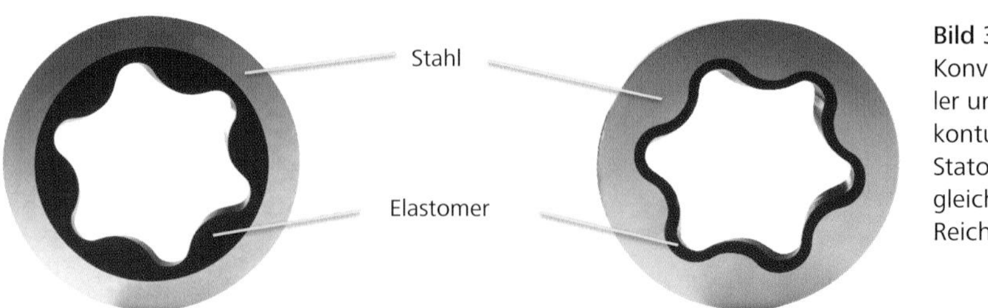

Bild 3.10: Konventioneller und vorkonturierter Stator im Vergleich (Quelle: Reich)

Die Hersteller von Bohrmotoren sind deshalb stets bemüht, die Dichtungen so effektiv wie möglich zu gestalten. Gleichzeitig wird versucht, die Menge an Elastomer im Antriebsteil immer weiter zu reduzieren.

Zu Beginn des 21. Jahrhunderts wurden so genannte vorkonturierte Statoren in den Markt eingeführt. Diese Statoren unterscheiden sich von der herkömmlichen Bauart insofern, dass die komplexe Kontur nicht durch das Elastomer gebildet wird, sondern bereits in das umhüllende Stahlrohr eingearbeitet ist (**Bild 3.10**). Diese Bauweise bietet verschiedene Vorteile:

- Die Elastomerschicht ist überall im Stator gleich dick. Deswegen wirken sich eventuelle Schwellungen oder Schrumpfungen des Elastomers durch die Bohrspülung immer gleichmäßig auf den ganzen Stator aus, regional ausgeprägte Effekte sind nicht zu erwarten.
- Die Kontaktfläche zwischen dem Elastomer und dem Stahlrohr ist im Vergleich mit konventionellen Statoren deutlich größer, dem Bindungssystem steht deshalb eine größere Kontaktfläche zur Verfügung, was zu einer besseren Anbindung führt.
- Die dünne, äquidistante Elastomerschicht kann selbst durch große Differenzdrücke zwischen benachbarten Kammern nicht zur Seite gedrückt werden. Deshalb kann der Stator größere Differenzdrücke als ein konventioneller Stator bewältigen. Der Motor kann folglich bei gleicher Drehzahl aber deutlich höherem Drehmoment als ein konventioneller Stator betrieben werden. Das hat eine entsprechende Leistungssteigerung zur Folge.
- Das Elastomer ist ein schlechter Wärmeleiter. Je dünner die Elastomerschicht im Stator ist, desto effektiver ist die Wärmeableitung an die Umgebung und damit die Kühlung des Systems. Da ein vorkonturierter Motor besser gekühlt werden kann, treten Schädigungen des Bindungssystems und damit einhergehende Werkzeugausfälle seltener auf.

Bild 3.11: Leistungsvergleich konventioneller/ vorkonturierter Motor (Quelle: Baker Hughes Motor-Handbuch)

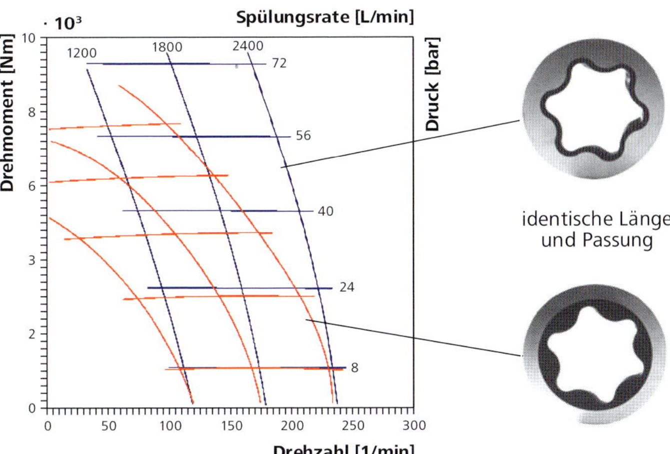

Die Kammern, in denen sich die Spülung befindet, sind schraubenförmig um die Längsachse des Antriebsteils angeordnet. Die Länge der Kammern hängt von der Gangzahl des Systems und der Steigung der Lobes von Rotor und Stator ab. Die Längeneinheit eines Antriebsteils, in der sich gerade noch eine einzige, vollständig abgeschlossene Spülungskammer unterbringen lässt, nennt man eine Statorstufe. Würde man den Stator auf eine noch kürzere Länge kürzen, so gäbe es keine geschlossene Kammer mehr in dem System und die Spülung könnte durch den Antriebsteil hindurch fließen, ohne Antriebsleistung zu erzeugen. Je länger ein Stator und je höher die Stufenzahl ist, desto mehr effektive Spülungskammern sind im Einsatz und desto größer ist auch der maximale Differenzdruck, der aufgebracht werden kann, ohne dass die Dichtungen Leckageströme zulassen. Infolgedessen ist ein mehrstufiger Antriebsteil in der Lage, deutlich größere Leistungen an den Bohrmeißel abzugeben als ein Antriebsteil mit weniger Stufen.

3.2.4.2 Gebräuchlichste Rotor/Stator-Konfigurationen

1/2-gängiger Antriebsteil: Hochgeschwindigkeits-Motor

Der 1/2-gängige Antriebsteil entwickelt von allen Kombinationen die größte Drehzahl. Insofern handelt es sich hierbei um den klassischen Hochgeschwindigkeits-Motor. Er wird bevorzugt in Kombination mit imprägnierten Diamantmeißeln eingesetzt. Um das relativ geringe Drehmoment eines 1/2-gängigen Motors zu kompensieren, werden die Statoren meist in großer Länge angefertigt.

5/6-gängiger Antriebsteil: Langsamläufer mit hohem Drehmoment
Der 5/6-gängige Antriebsteil weist eine moderate Drehzahl bei hohem Drehmoment auf. Aufgrund seiner geringen Drehzahl eignet er sich hervorragend für den Einsatz mit Rollenmeißeln, das hohe Drehmoment macht ihn zum bevorzugten Motor zum Antrieb von PDC-Meißeln.

Airdrilling-Motor
Airdrilling-Motoren verwenden Luft oder Gas anstelle von Bohrspülung. Würde man einen konventionellen Spülungs-Motor nach dem Bohren mit komprimierter Luft von der Sohle ziehen, so entspannte sich die Luft im darüber befindlichen Bohrstrang und führte zu einer kurzfristigen extrem hohen Drehzahl des Motors. Da die Luft die Lager des Motors nicht genügend kühlen könnte, bestünde die Gefahr des Fressens der Lager und eines daraus resultierenden Motorschadens.

Airdrilling-Motoren werden deshalb so konzipiert, dass ein Überdrehen beim Abheben von der Bohrlochsohle vermieden wird. Dazu wird ein Rotor-Stator-Querschnitt mit sehr großen Kammervolumina gewählt. Dieses hat zur Folge, dass die sich entspannende Luft zu nur moderaten Drehzahlen des Motors führt.

Airdrilling-Motoren können auch mit flüssiger Spülung betrieben werden. In diesem Fall profitiert der Nutzer von der extrem geringen Motordrehzahl. Speziell bei Rollenmeißel-Einsätzen im Hartgestein, bei denen sehr hohe Meißelandrücke benötigt werden, kann eine geringe Motordrehzahl zu einer erhöhten Lebensdauer des Meißels führen.

Vorkonturierter Stator
Die Verwendung eines vorkonturierten Stators ermöglicht eine Steigerung der Motorleistung bei gleicher Länge des Stators oder eine Verkürzung der Baulänge des Motors bei gleicher Leistung. Dabei können alle bereits genannten Konfigurationen eingesetzt werden.

Leistungsbohren/Richtbohren
Je länger der Antriebsteil eines Bohrmotors ist, desto größere Leistung kann er entwickeln. Aus diesem Grund wird man meist bestrebt sein, im Sinne einer ho-

hen Bohrgeschwindigkeit einen möglichst langen Antriebsteil zu wählen. Bei gerichteten (gekrümmten) Bohrungen kann ein zu langer Bohrmotor jedoch unter Umständen nicht der Kurve folgen, ohne dabei verbogen zu werden. Für Richtbohrarbeiten mit kleinen Radien werden deshalb kürzere Bohrmotoren eingesetzt, diese sind dann allerdings in ihrer Leistung entsprechend beschränkt.

Viele Anbieter von Bohrmotoren bieten deshalb längere Hochleistungs-Bohrmotoren für gerade Bohrlochsektionen und kürzere Richtbohrmotoren für Kurvenstrecken an.

3.2.4.3 Rotor-Bypassdüse

Um Gewicht zu sparen, werden mehrgängige Rotoren größerer Werkzeugdurchmesser entlang ihrer Längsachse meist aufgebohrt; der Rotor ist folglich innen hohl. In Sonderfällen kann es erwünscht sein, einen vorhandenen Bohrmotor hinsichtlich seiner Drehzahl zu drosseln, ohne den Spülungsstrom zu reduzieren.

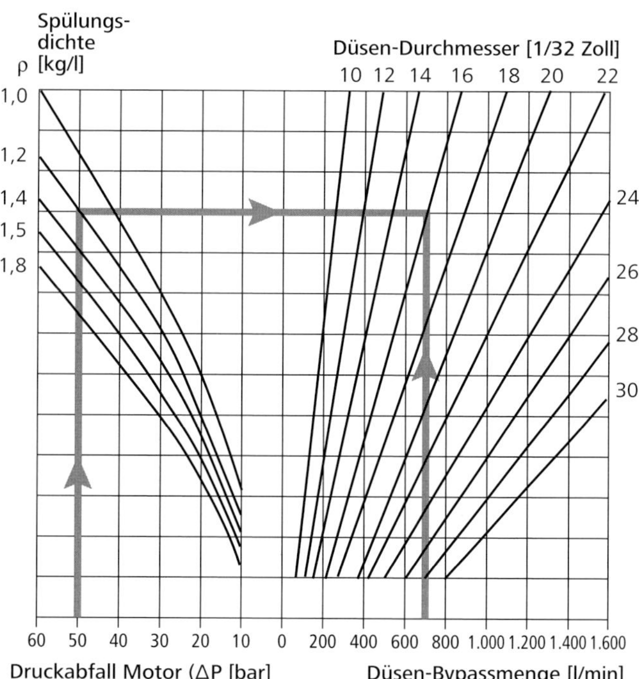

Bild 3.12: Beispiel für die Auslegung einer Rotor-Bypass-Düse (Baker Hughes)

Dies kann bei Verwendung hohler Rotoren dadurch erreicht werden, dass ein Teil der Spülung durch das Innere des Rotors geführt wird. Auf diese Weise geht sie dem eigentlichen Antriebsteil verloren, der Motor dreht dadurch langsamer.

Damit die optimale Spülungsmenge durch das Innere des Rotors abgezweigt werden kann, muss das obere Ende des Rotors mit einer passenden Düse ausgestattet werden. Die Dimensionierung dieser Rotor-Bypass-Düse kann anhand der Bernoulli-Gleichung ($\Delta p = \rho/2 \cdot v^2$) durchgeführt werden, indem der Druckverlust durch die Bypassdüse mit dem Arbeitsdruckverlust des Antriebsteil gleichgesetzt wird (**Bild 3.12**).

Es ist zu beachten, dass der Einsatz einer Rotor-Bypassdüse die Leistungsfähigkeit des Antriebsteils reduziert, und der Motor leichter an seine Leistungsgrenze geführt und abgewürgt werden kann.

3.2.4.4 Biege- bzw. Gelenkwelle

Durch die Formbildung von Rotor und Stator im Antriebsteil sind die beiden Bauteile so miteinander verzahnt, dass der Rotor exzentrisch im Stator rotiert.

Gleichzeitig soll sich aber die Abtriebswelle des Bohrmotors zentrisch im Lagerstuhl drehen. Zwischen dem Rotor und der Abtriebswelle wird deshalb ein ausgleichendes Bauteil benötigt. Die meisten Bohrmotoren verwenden hierzu Biegewellen (engl. Flex Shafts, siehe **Bild 3.13**), gelegentlich werden aber auch noch Gelenkwellen eingesetzt, die sich im Gehäuse oberhalb des Lagerstuhles befinden.

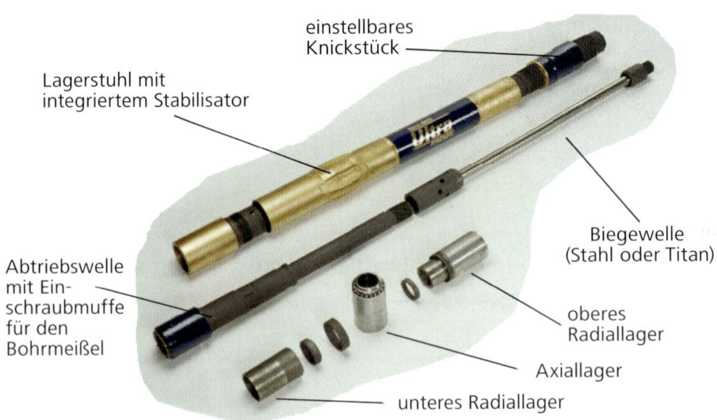

Bild 3.13: Demontierter Lagerstuhl (Baker Hughes)

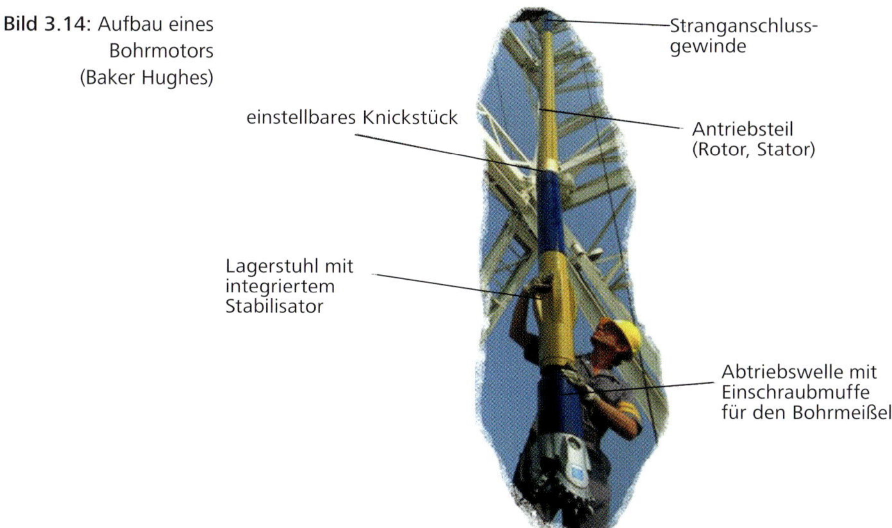

Bild 3.14: Aufbau eines Bohrmotors (Baker Hughes)

3.2.4.5 Lagerstuhl

Der Lagerstuhl des Bohrmotors hat die Aufgabe, die Abtriebswelle zentrisch im Motor zu lagern und axiale und radiale Kräfte aufzunehmen. Zu diesem Zweck befinden sich am oberen und unteren Ende der Abtriebswelle (engl.: Drive shaft) zwei Radiallager, die meist als Gleitlager ausgeführt sind. Zwischen den Radiallagern befindet sich das Axiallager. Meist handelt es sich hierbei um ein Paket Axial-Kugellager, es werden jedoch auch Gleitlager eingesetzt.

Die Schmierung und Kühlung der Lager erfolgt entweder über einen Teilstrom der Spülung, die durch die Lager hindurch geführt wird, oder bei abgedichteten Lagerstühlen durch Öl.

Lagerstühle, die durch die Bohrspülung gekühlt werden, können konstruktiv relativ einfach realisiert werden. Durch die abrasiven Eigenschaften der Bohrspülung verschleißen die Lager jedoch sehr stark, was einen häufigen Austausch der Axial- und Radiallager bei der Wartung nach dem Einsatz erfordert.

Abgedichtete, ölgeschmierte Lagerstühle erfordern aufgrund der notwendigen Dichtungen einen höheren konstruktiven Aufwand, dafür erfahren die Lager

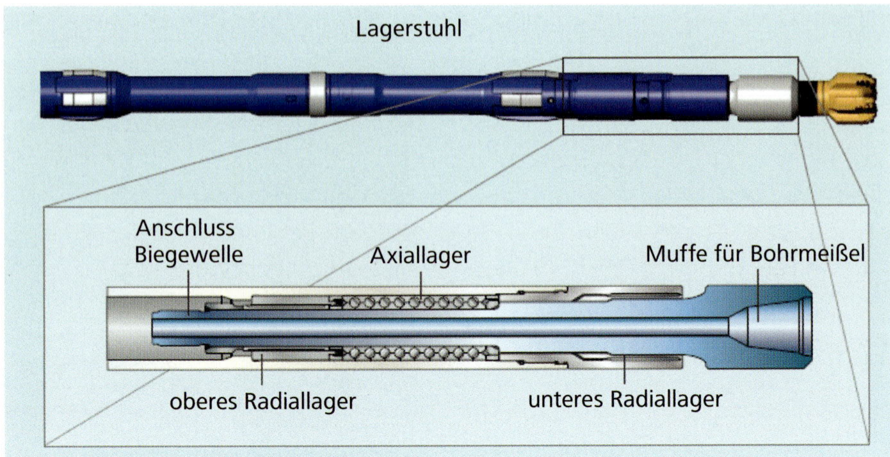

Bild 3.15: Öl gedichteter Lagerstuhl (Baker Hughes)

im Einsatz aber nahezu keinen Verschleiß, wodurch geringere Wartungskosten resultieren.

Welche Art der Schmierung für welchen Einsatz vorzuziehen ist, muss von Fall zu Fall entschieden werden. Entscheidend sind die geringsten Gesamtkosten des Einsatzes.

In das untere Ende der Abtriebswelle (Bit Box oder Bit Connection) wird der Bohrmeißel eingeschraubt.

3.2.4.6 Rotor-Fangeinrichtung

Kein Bohrmotor der Welt ist absolut sicher vor Werkzeugausfällen und Schäden. Sollte ein Bohrmotor im Einsatz so versagen, dass das Außengehäuse abreißt

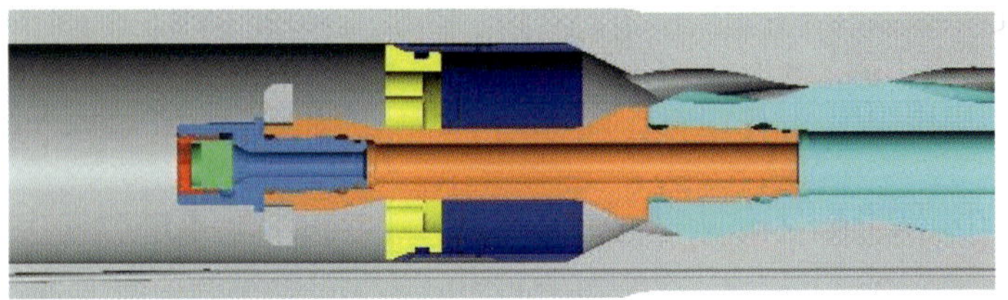

Bild 3.16: Rotor-Fangeinrichtung (Baker Hughes)

oder sich ein Gewinde entschraubt, so verbleiben beim Herausziehen des Bohrstranges die inneren Bauteile des Motors im Bohrloch.

Um dies zu vermeiden, werden einige Bohrmotoren mit einer so genannten Rotorfangeinrichtung ausgestattet. Dabei handelt es sich um ein pilzähnliches Bauteil, das oben auf den Rotorkopf aufgeschraubt wird, und einen Fangring im Statorrohr (**Bild 3.16**).

Im Falle des Entschraubens einer Gewindeverbindung stützt sich der Rotorpilz auf dem Fangring des Stators ab und alle Teile können geborgen werden.

3.2.4.7 Motor-Bypass-Ventil

Das Antriebsteil eines Bohrmotors wirkt aufgrund seiner Dichtungen zwischen Rotor und Stator wie ein Ventil; erst bei Überwindung des Leerlauf-Druckverlustes beginnt der Rotor im Stator zu rotieren und Bohrspülung bewegt sich durch das System.

Beim Ausbau des Bohrstranges aus dem Bohrloch reicht die statische Druckhöhe der Spülungssäule im Strang oft nicht aus, um den Leerlauf-Druckverlust des Bohrmotors zu überwinden. Das hat zur Folge, dass die Bohrmannschaft bei jedem Brechen eines Gewindes einem austretenden Schwall Spülung ausgesetzt ist.

Ein Motor-Bypass-Ventil kann hier Abhilfe schaffen. Im Prinzip handelt es sich um einen Kolben, der auf einer Feder gelagert ist. In seiner Ruhestellung befinden sich unterhalb des Kolbens Öffnungen, die das Innere des Bohrgestänges mit dem Ringsraum verbinden (**Bild 3.17**). Beim Trippen hat die Spülung genügend Zeit, aus den Öffnungen in den Ringraum zu entweichen. Werden die Spülpumpen eingeschaltet, so drückt der dynamische Druck den Kolben entgegen der Federkraft nach unten und verschließt auf diese Weise die Öffnungen. Die Spülung gelangt nun direkt in den Antriebsteil des Bohrmotors.

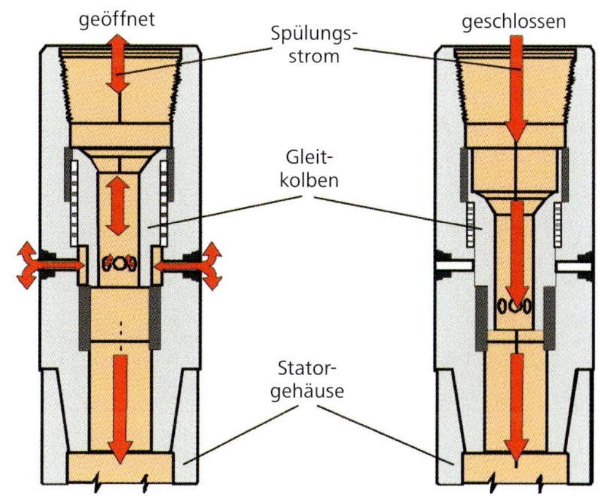

Bild 3.17: Motor-Bypass-Ventil (Baker Hughes)

3.3 Richtbohren mit Bohrmotoren

Die Bohrtechnik ist ständig mit dem Problem konfrontiert, die Bohrkosten zu minimieren. Die Bohrgeschwindigkeit muss deshalb maximiert werden. Dies erreicht man durch Steigerung des Meißelandrucks oder Steigerung der Strangdrehzahl. Beide Maßnahmen führen aber auch zu erhöhtem Verschleiß des Rohrstranges und damit wiederum zu erhöhten Kosten.

Bohrmotoren wurden ursprünglich entwickelt, um mehr Antriebsleistung direkt am Bohrmeißel zu erzeugen. Während der Meißel mit hoher Drehzahl auf der Sohle rotiert, braucht das Bohrgestänge nur mit geringer Drehzahl oder gar nicht rotiert zu werden.

Die Tatsache, dass man mit einem Bohrmotor gänzlich ohne Strangrotation bohren kann, führte in den 1980er Jahren zur Entwicklung von Richtbohrmotoren. Richtbohrmotoren besitzen einen (einstellbaren) Knick auf ihrem Gehäuse (**Bild 3.20**).

Beim Rotarybohren wird der gesamte Bohrstrang inklusive Bohrmotor in Drehung versetzt. Üblich sind etwa 60 bis 100 Umdrehungen pro Minute. Auch der Knick auf dem Bohrmotor rotiert dabei im Bohrloch mit. Die resultierende Seitenkraft am Meißel wirkt somit in alle Richtungen gleichmäßig und die Garnitur bohrt geradeaus.

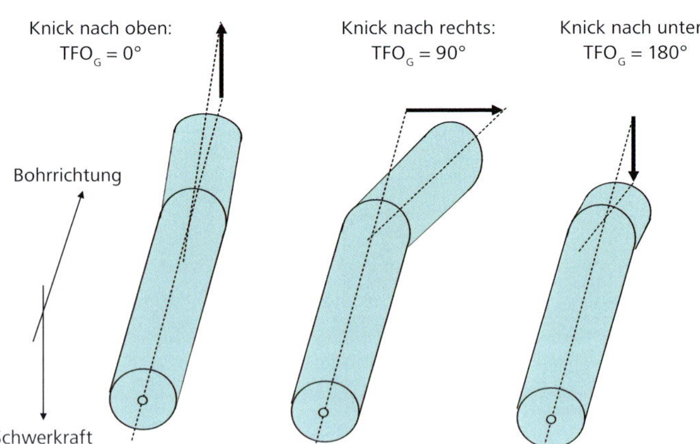

Bild 3.18: Gravity Tool Face Orientation (geneigtes Bohrloch) (Quelle: Reich)

Wird dagegen ohne Strangrotation gebohrt (orientiertes Bohren), so weist der Knick auf dem Motor ständig in dieselbe Richtung. Der rotierende Bohrmeißel wird kontinuierlich in diese Richtung aus der Bohrlochachse ausgelenkt, was dazu führt, dass der Meißel beim Weiterbohren einer Kurve folgt. Durch geeignetes Aneinanderfügen von Tangenten und Kurven kann im Prinzip jeder gewünschte Bohrungsverlauf im Raum realisiert werden.

Die Ausrichtung des Knickes auf dem Bohrmotor wird „Tool Face Orientation" (TFO), auf Deutsch auch Verrollung, genannt. Sie wird in der Einheit Grad angegeben. Zeigt der Knick des Bohrmotors beim orientierten Bohren in Bohrrichtung gesehen nach oben, beträgt die Verrollung 0°. Bei einer Verrollung des Knickes in Bohrrichtung gesehen nach rechts beträgt sie 90° usw. (**Bild 3.18**).

Die Angabe der Verrollung in Bezug auf den Erdbeschleunigungsvektor als oben, unten, links, rechts usw. wird „Gravity Tool Face Orientation" genannt. In der Vertikalen versagt diese Methode, weil der Knick auf dem vertikal hängenden Motor in jede Richtung gleich weit nach „oben" oder „unten" zeigt. Beim Ablenken der Bohrung aus der Vertikalen verwendet man deshalb die „Magnetic Tool Face Orientation", das heißt, man richtet den Knick im Erdmagnetfeld so aus, dass der Kick off in die gewünschte Himmelsrichtung erfolgt (**Bild 3.19**).

Da der klar ausgeprägte Gravitationsvektor wesentlich genauer gemessen werden kann als das schwache und variable Erdmagnetfeld, wird die Messung in der Praxis üblicherweise bereits bei wenigen Grad Neigung wieder von Magnetic auf Gravity Tool Face Orientation umgestellt.

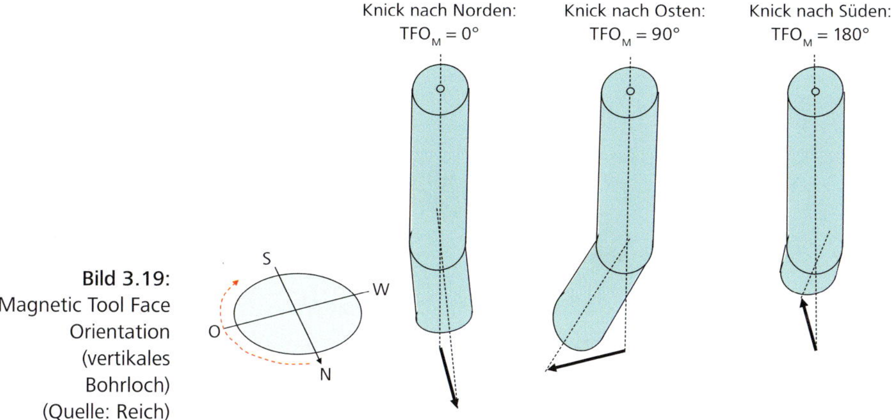

Bild 3.19: Magnetic Tool Face Orientation (vertikales Bohrloch) (Quelle: Reich)

3.3.1 Die 3-Punkt-Geometrie

Zu den Aufgaben des Richtbohrers gehört es, vor einem Einsatz den optimalen Knickwinkel auf dem Bohrmotor festzulegen und einzustellen. Ein zu starker Knickwinkel führt im Rotarybetrieb zu unnötigen Spannungen im Motor und kann auf Dauer die Wahrscheinlichkeit eines Schadens oder Ausfalls erhöhen. Andererseits verkürzt ein starker Knick aber die Abschnitte, die man im orientierten Modus abteufen muss, weil der stark geknickte Motor die erforderlichen Richtungswechsel innerhalb einer kürzeren Bohrstrecke bewältigt. Ein moderater Knick schont dagegen den Bohrmotor, verlängert im Gegenzug aber auch die Intervalle, in denen man orientiert bohren muss. Und das ist wiederum ungünstig, weil der Richtbohrer erstens beim orientierten Bohren ständig die Verrollung im Auge behalten und ggf. auch korrigieren muss und weil zweitens aus Gründen der Reibung und der Minimierung des Rückstellmomentes am Motor der Meißelandruck und damit die Bohrgeschwindigkeit beim orientierten Bohren grundsätzlich geringer als beim Rotarybohren ist.

Der Knickwinkel des Bohrmotors muss also genau auf einen bestimmten zu bohrenden Radius abgestimmt werden. In der Praxis hat sich hier ein sehr einfacher theoretischer Ansatz als nützlich erwiesen: die 3-Punkt-Geometrie.

Ein Kreis ist durch drei Punkte vollständig definiert. Wenn drei Punkte im Raum vorgegeben werden (die nicht genau auf einer Geraden liegen), gibt es nur einen

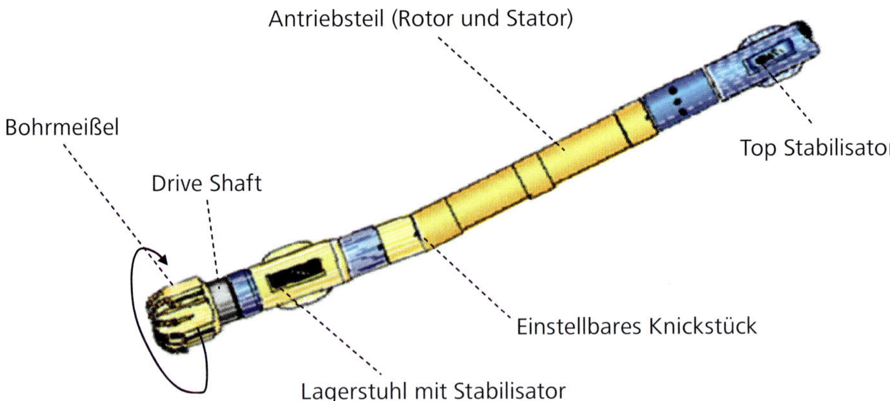

Bild 3.20: Voll stabilisierter Richtbohrmotor (Quelle: Baker Hughes)

einzigen Kreis, der durch diese drei Punkte verläuft. Die 3-Punkt-Geometrie nutzt diese Tatsache zur Bestimmung der Aufbaurate eines Bohrmotors.

Betrachten wir einen „voll stabilisierten" Bohrmotor mit einem Stabilisator auf dem Lagerstuhl und einem Top-Stabilisator (**Bild 3.20**).

Der Bohrmotor verfügt über ein verstellbares Knickstück auf seinem Gehäuse, den Knickwinkel nennen wir α. Einen solchen Bohrmotor kann man stark vereinfacht durch drei Kreise und Verbindungslinien darstellen (**Bild 3.21**). Der größere blaue Kreis links repräsentiert den Bohrmeißel, die beiden kleineren blauen Kreise weiter rechts die leicht untermaßigen Stabilisatoren. Die Verbindungslinien zwischen den Kreisen stellen die restlichen Teile des Bohrmotors dar. Der Knickwinkel α befindet sich bei dieser Darstellung im Zentrum des ersten Stabilisators.

Wenn der Bohrmotor, wie in der Abbildung gezeigt, in einem Bohrloch liegt, so berührt er dieses mit der Unterseite seiner Stabilisatoren und seinem Bohrmeißel. Die drei Kontaktpunkte wurden in **Bild 3.21** als kleine rote Punkte dargestellt.

Durch die drei Kontaktpunkte kann nun ein Kreisbogen gezogen werden (äußerer Kreisbogen in **Bild 3.21**). Im Rahmen der 3-Punkt-Geometrie nimmt man an, dass der Bohrmotor beim orientierten Bohren diesem Kreisbogen genau folgt. Subtrahiert man vom Radius des äußeren Kreisbogens den halben Meißeldurchmesser, so erhält man den in **Bild 3.21** gestrichelt dargestellten Kreisbogen, der die Mittellinie der Bohrung darstellt.

Unter Zuhilfenahme des in **Bild 3.21** gezeigten Modells und der Annahme, dass das Untermaß der Stabilisatoren vernachlässigt werden kann, braucht man am Motor nur den Abstand zwischen dem Bohrmeißel und dem ersten Stabili-

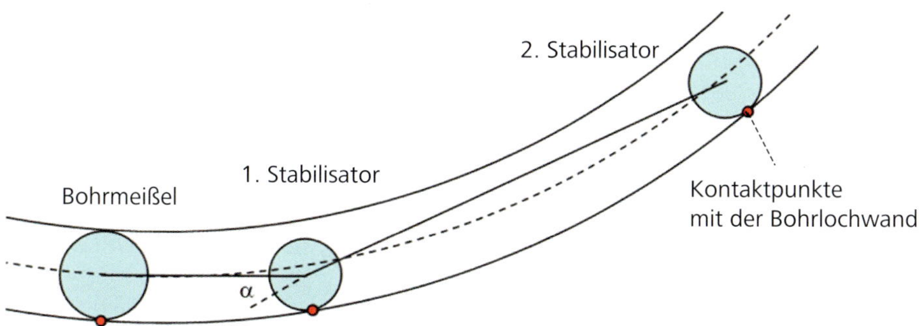

Bild 3.21: Idealisiertes Modell eines Bohrmotors (voll stabilisiert) (Quelle: Reich)

sator und den Abstand zwischen dem ersten und dem zweiten Stabilisator zu messen, um anschließend den Radius des gebohrten Abschnitts zu berechnen:

$$R = \frac{L1 + L2}{2 \cdot \sin\alpha}$$

Dabei ist:

- L1 Länge vom Bohrmeißel bis zum ersten Stabilisator
- L2 Länge zwischen dem ersten und dem zweiten Stabilisator
- α Knickwinkel
- R Radius der gebohrten Kurve

Über die folgenden Gleichungen ist damit auch die Aufbaurate bekannt:

$$\text{Aufbaurate } [°/100\ \text{ft}] = \frac{1.746{,}4}{r\ [\text{m}]}$$

bzw.

$$r\ [\text{m}] = \frac{1.746{,}4}{\text{Aufbaurate } [°/100\ \text{ft}]}$$

Der Richtbohrer im Feld verwendet anstelle einer Gleichung lieber so genannte Aufbauraten-Diagramme, auf deren Abszisse der Knickwinkel und auf deren Ordi-

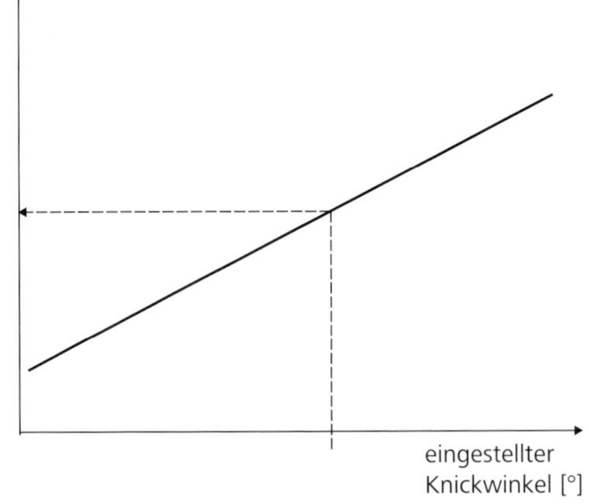

Bild 3.22: Qualitatives Aufbauraten-Diagramm eines (realen) Richtbohrmotors

nate die resultierende Aufbaurate eines bestimmten Richtbohrmotors dargestellt ist. In **Bild 3.22** ist ein qualitatives Beispiel eines solchen Diagramms zu sehen.

Es fällt auf, dass die gezeigte Gerade nicht wie anhand der obigen Gleichung erwartet durch den Ursprung des Diagramms verläuft. Das liegt daran, dass die beschriebene mathematische Vorgehensweise in der Kürze des Kapitels und zum besseren Verständnis vereinfacht dargestellt wurde.

Tatsächlich befindet sich der Knick eines realen Bohrmotors nicht wie in **Bild 3.21** angenommen im ersten Stabilisator, sondern wie in **Bild 3.20** gezeigt meistens in einer Position zwischen dem Bohrmeißel und dem ersten Stabilisator.

Weiterhin sind die Stabilisatoren realer Bohrmotoren im Vergleich zum Bohrmeißel untermaßig, das heißt, die Stabilisatoren besitzen einen geringeren Durchmesser als der Bohrmeißel. Meist beträgt dieses Untermaß 1/8", aber es müssen durchaus nicht zwingend beide Stabilisatoren dasselbe Untermaß haben. Insofern ist die genaue Bestimmung der Koordinaten der entscheidenden drei Kontaktpunkte zwischen dem Bohrmotor und der Bohrlochwand in der Realität etwas komplexer als im bisherigen Textverlauf dargestellt. Grundsätzlich ändert das aber nichts an der Methodik der 3-Punkt-Geometrie.

Die Service-Firmen, die die Aufbauraten-Charts für ihre Richtbohrmotoren bereitstellen müssen, besitzen Berechnungsprogramme, in denen die Abmaße realer Bohrmotoren bereits im Detail hinterlegt sind. Auch die Tatsache, dass reale Bohrlöcher üblicherweise leicht übermäßig ausfallen, also größere Durchmesser als die eingesetzten Bohrmeißel besitzen, oder dass nicht alle Bohrmotoren zwingend voll stabilisiert sein müssen, sondern auch ohne Top-Stabilisator (teilstabilisiert) oder sogar ganz ohne Stabilisatoren (slick) verwendet werden können, wird von diesen Programmen berücksichtigt.

Der Ansatz der 3-Punkt-Geometrie hat allerdings einige Schwächen. Die entscheidenden drei ersten Kontaktpunkte zwischen Bohrmotor und Bohrloch sind für Auf- und Abbaurate (sowie für alle anderen möglichen Verrollungen) verschieden. Ein realer Richtbohrmotor wird daher beispielsweise schneller Neigung abbauen als aufbauen. In **Bild 3.23** ist das deutlich zu erkennen; die Krümmung eines Kreises durch die drei Punkte oben (Neigungsaufbau) ist schwächer ausgeprägt als diejenige eines Kreises durch die drei unten dargestellten Punkte (Neigungsabbau). Die Unterschiede zwischen Auf- und Abbaurate fallen umso deutlicher aus, je kürzer der Bohrmotor ist und je untermaßiger die Stabilisatoren sind.

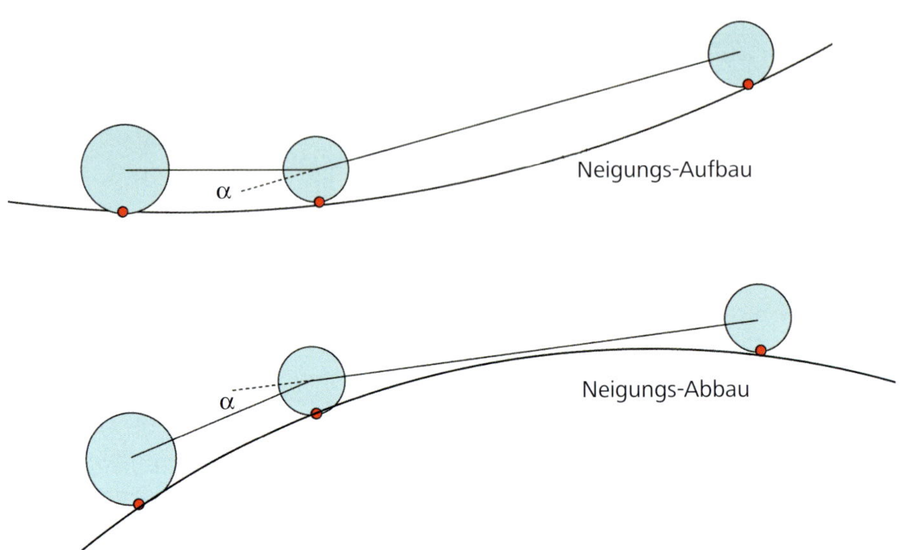

Bild 3.23: Vergleich der Kontaktpunkte bei Auf- und Abbaurate (Quelle: Reich)

Die Betrachtung von Verrollungen zwischen 0 und 180° entwickelt sich schnell zu einem größeren geometrischen Problem, da der resultierende Kreisbogen eine Kurve im dreidimensionalen Raum ist, die sowohl eine vertikale Komponente in Form einer Auf- bzw. Abbaurate, als auch eine horizontale Komponente in Form einer Walkrate nach links oder rechts beinhaltet. Die anschauliche Darstellung dieser Zusammenhänge ist schwierig. Die gängigen Berechnungsprogramme beschränken sich daher meist nur auf die Darstellung der reinen Aufbaurate (TFO = 0°) eines Bohrmotors als Funktion des Knickwinkels.

Es gibt noch weitere Schwächen des 3-Punkt-Geometrie-Ansatzes. Der Bohrmotor wird bei der 3-Punkt-Geometrie als völlig starr angesehen, Biegung wird nicht berücksichtigt. Tatsächlich zeigen reale Bohrmotoren aber bereits deutliche Biegung, wenn sie nur auf den Böcken des Gestängelagers liegen. Der Biegezustand im Loch hängt überdies von der Neigung des Bohrloches und der Meißelandruckkraft ab.

Auch die Annahmen, dass sich die ersten drei Kontaktpunkte immer am Meißel und an den Stabilisatoren befinden, treffen nicht zwingend zu. Die Praxis zeigt, dass Richtbohrmotoren nach einem Einsatz gelegentlich starken Verschleiß am Knickstück oder auch am Statorrohr aufweisen. Offenbar gab es an diesen Stellen intensiven Kontakt zwischen dem Motor und der Bohrlochwand. Die 3-Punkt-Geometrie in ihrer oben vorgestellten Form entspricht in diesem Fall also nicht den tatsächlichen Gegebenheiten, das Modell kann folglich nicht zielführend angewandt werden.

Geologische Einflüsse, zum Beispiel einfallende Formationen, die die Richtungsstabilität der Bohrgarnitur beeinflussen oder auch die unterschiedlich stark ausgeprägten Seitenschneideigenschaften verschiedener Bohrmeißel werden im 3-Punkt-Modell ebenfalls nicht berücksichtigt.

Es gibt durchaus komplexe FE-Berechnungsprogramme, die alle genannten Einflüsse berücksichtigen können, allerdings verlangen diese für jeden einzelnen Berechnungsfall sehr spezifische Eingabedaten und die Berechnungsergebnisse können im Allgemeinen nur von geschulten Nutzern erschöpfend interpretiert werden. Als einfaches Werkzeug zur Bereitstellung allgemeingültiger Zusammenhänge sind solche Berechnungsprogramme deshalb eher nicht geeignet.

Die Praxis zeigt aber, dass die mittels 3-Punkt-Geometrie berechneten Aufbauraten-Diagramme von Richtbohrmotoren trotz vieler vereinfachenden Annahmen gar nicht allzu weit von der Praxis entfernt sind. In den meisten Fällen unterscheiden sich die im Feld erbohrten Radien nur maximal 10 % von denen mittels 3-Punkt-Theorie berechneten. Insofern kann der 3-Punkt-Geometrie-Ansatz durchaus als praxistauglich angesehen werden, speziell, wenn die Erfahrung des Richtbohrers vor Ort die Theorie ergänzt.

3.3.2 Praktische Handhabung

Der Richtbohrer (Directional Driller) am Turm ist dafür zuständig, dass die Bohrung entlang eines gewünschten Verlaufes geführt wird bzw. ein vorgegebenes Zielgebiet (target) trifft. Dazu muss er beim Bohren immer wissen, wie der bisherige Bohrpfad aussieht und wo sich der Bohrmeißel gerade befindet. Weiterhin muss er Entscheidungen treffen, in welche Richtung vom gegenwärtigen Standort aus weitergebohrt werden soll und entsprechende Maßnahmen einleiten.

Die Information, die der Richtbohrer braucht, um sich im Untergrund zurecht zu finden, liefert ihm das MWD. Dieses misst und überträgt laufend aktuelle Messwerte für die Bohrlochneigung (Inklination), die Himmelsrichtung der Boh-

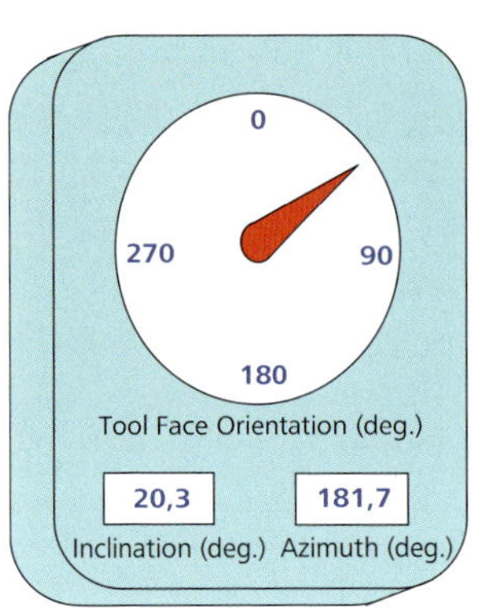

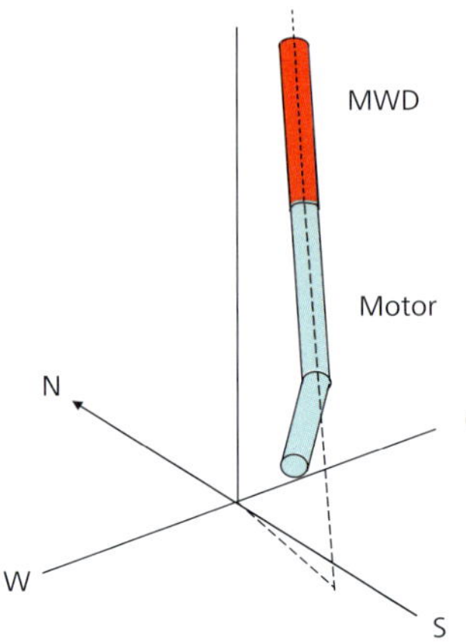

Bild 3.24: Lage der Bohrgarnitur im Bohrloch und Anzeige auf dem Directional Driller's Display am Turm (Quelle: Reich)

rung (Azimut) und die Verrollung des Richtbohrmotors im Bohrloch (Tool Face Orientation).

Die Anzeige der Messwerte am Bohrgerät erfolgt über ein Display und könnte beispielsweise wie in **Bild 3.24** dargestellt aussehen. Im gezeigten Beispiel hat die Bohrung im Messpunkt eine leichte Neigung von 20,3° zur Vertikalen, sie verläuft bei einem Azimut von 181,7° fast genau nach Süden und der Knick auf dem Bohrmotor zeigte in Bohrrichtung gesehen nach rechts oben. Vom momentanen Standort aus würde der Motor im orientierten Modus also etwa zu gleichen Teilen weiter Neigung aufbauen und einer leichten Rechtskurve hin zu größeren Azimut-Werten folgen. Das Kurvenbohr-Potenzial des Motors (Dogleg severity) würde etwa zu gleichen Teilen in eine Aufbaurate und eine Walkrate nach rechts aufgeteilt.

Da im Verlauf der Bohrung fortlaufend Messungen (Surveys) gemacht werden, kann aus den gemessenen Werten für Azimut und Inklination entlang des Bohrpfades über geeignete Interpolationsprogramme ein kontinuierlicher Bohrungsverlauf berechnet und als Draufsicht (top view) sowie Seitenansicht (horizontal section) grafisch dargestellt werden (**Bild 3.25**). Bei dreidimensionalen Bohrungen wird die Seitenansicht üblicherweise als Abrollung der Bohrung in eine Ebene dargestellt, deshalb sind entlang des Bohrpfades Angaben über den Azimut vorzunehmen.

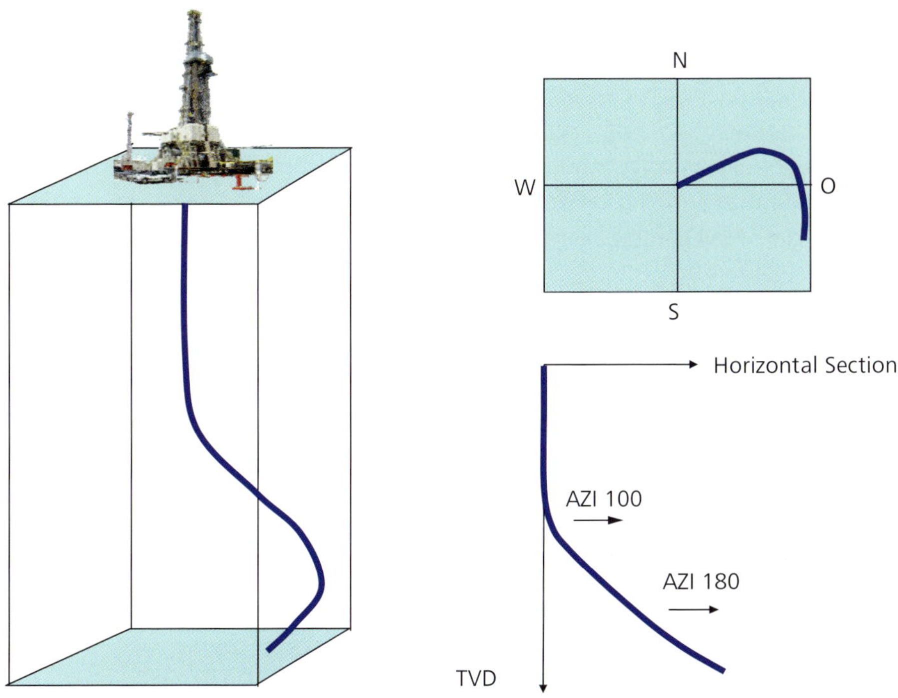

Bild 3.25: Grafische Darstellung einer Richtbohrung (Quelle: Reich)

Entspricht der tatsächliche Bohrungsverlauf nicht dem vorgegebenen Bohrpfad, leitet der Richtbohrer Maßnahmen ein, um die Abweichung wieder auszugleichen.

Zum Lenken stoppt der Richtbohrer die Strangrotation, zieht den Meißel von der Sohle und wartet darauf, dass ihm das MWD die (zunächst zufällige) Verrollung des Bohrmotors im Bohrloch anzeigt. Entspricht diese nicht der gewünschten Ausrichtung, so wird der Drehtisch bzw. Top Drive um einen bestimmten Winkel rechts (!) herum verdreht. Aufgrund der Reibung zwischen Strang und Bohrloch wird der Bohrmotor meist nicht sofort folgen. In diesem Fall sind Nachjustierungen am Drehtisch vorzunehmen, bis die gewünschte Verrollung eingestellt ist. Nun kann der Meißel auf Sohle gefahren und die gewünschte Kurvensektion gebohrt werden.

Nachjustierungen der Verrollung können durch weitere Rechtsdrehungen des Stranges oder Variationen des Meißelandruckes auf Sohle realisiert werden. Die letztere Methode nutzt die Tatsache, dass ein stärkerer Meißelandruck ein höheres Drehmoment verlangt. Das höhere Moment des rechtsdrehenden Bohrmeißels erzeugt ein entsprechendes Reaktivmoment im Bohrmotor, das diesen entgegen der Rotationsrichtung des Bohrmeißels verdreht. Insofern wird durch Steigerung des Meißelandrucks eine Verrollung hin zu kleineren TFO-Winkeln bewirkt, während eine Verminderung des Meißelandrucks höhere TFO-Winkel zur Folge hat.

Zum Bohren einer Tangente wird die Strangrotation wieder eingeschaltet. Bei rotierendem Bohrmotor kann auf dem Display natürlich keine sinnvolle Verrollung angezeigt werden. Der Richtbohrer behält aber die kontinuierlich angezeigten Werte für Azimut und Inklination im Auge, um den Verlauf der Bohrung zu überwachen und gegebenenfalls wieder Korrekturen einzuleiten.

Auch im Rotarybetrieb kann der Richtbohrer über Veränderungen des Meißelandrucks den Verlauf der Bohrung geringfügig beeinflussen, allerdings reagiert die Bohrgarnitur hierbei meist eher mit Veränderungen der Walkrate.

3.4 Literaturempfehlungen

Reich, M.: „Auf Jagd im Untergrund – mit Hightech auf der Suche nach Öl, Gas und Erdwärme", ISBN 978-3-00-028049-8, Verlag add-books, August 2009.

Reich, M.; Oesterberg, M.; Montes, H., Treviranus, J.: „Straight down to success: Performance Review of a Vertical Drilling System"; SPE 84451, Manuskript und Vortrag anlässlich der SPE-Konferenz in Denver Oktober 2003.

Bourgoyne, A., Chenevert, M., Millheim, K., Young, F.: „Applied Drilling Engineering", SPE Textbook Series, Vol. 2, 1986, Chapter 8.

Reich, M.; Namuq, M.; Fischer, N.: Sounds aus dem Rohr – Effekte der hydraulischen Datenübertragung in Bohrlöchern hörbar gemacht, Vortrag und Manuskript zur DGMK/ÖGEW-Frühjahrstagung 2012, Fachbereich Aufsuchung und Gewinnung, Celle, 19./20. April 2012

Reich, M.: Auf krummen Touren durch den Untergrund – ein Exkurs in die Welt der Richtbohrtechnik, Veröffentlichung in „Erdöl, Erdgas, Kohle", Januar 2011

4.
Übersicht über unterschiedliche gelenkte und gesteuerte Felsbohrverfahren

Es gibt sehr unterschiedliche Methoden, oberflächennah und verlaufsgesteuert durch Felsbereiche zu bohren. Eine wegweisende Übersicht über die Möglichkeiten, durch Felsgestein generell zu bohren, ist in dem bohrtechnischen Standardwerk „Flachbohrtechnik" (1993) von Prof. Dr.-Ing. Werner Arnold zu finden. In diesem Buch und in der nachstehenden Tabelle sind ausschließlich die steuerbaren, das heißt lenkbaren, Felsbohrverfahren aufgeführt, die in den nachfolgenden Kapiteln Einzeldarstellungen erfahren. Die Lenkungsmöglichkeiten von Bohrköpfen im Fels sind unterschiedlich, je nach Bohrverfahren. Wesentlich ist jedoch, dass es sich hierbei nicht um eine gesteins- oder verfahrensbedingte Ablenkung der Bohrung handelt, sondern um eine beabsichtigte Richtungs-, Kurven- bzw. Bahnsteuerung des Bohrungsverlaufs. Diese beabsichtigten Steuerungsmöglichkeiten bedingen besondere und zusätzliche technische Vorrichtungen (z. B. Lenkungs-, Ortungs- und Navigiersysteme), die ein dreidimensional gesteuertes Felsbohren im unterirdischen Raum ermöglichen.

4.1 Gelenkte Rotary-Bohrungen

Es müsste besser abgelenkte Rotary-HDD-Bohrungen heißen, denn diese Bohrungen sind eher als HD- (Horizontal Drilling) oder D- (Drilling), denn als HDD- (Horizontal Directional Drilling) Bohrungen vertreten. Wirklich verlaufsgesteuerte HDD-Rotary-Bohrungen sind selten. Rotary-Bohrungen werden durch ein drehend-drückendes Bohren mit übertägig, d. h. an der Bohranlage angeordnetem Antrieb des Bohrstranges definiert (W. Arnold, 1993), wobei Bohrungslenkungsmethoden in der Hauptanwendungszeit dieser seit den 1930er Jahren sehr verbreiteten Bohrmethodik noch gar nicht bekannt waren. Nur das „Keilen" (= Arbeiten mit dem Ablenkungskeil), das heute bei einfacheren Bohrungen verwendet wird, war schon bekannt.

Es gibt HDD-Rotary-Aufweitbohrungen von Pilotbohrungen, die zum Beispiel im Imlochhammerverfahren oder als gesteuerte Doppelgestängebohrungen erstellt wurden. Immer wenn Bohrlochaufweitungen im Rückwärtsgang mit Hole Openern aufgrund der Bauumstände nicht möglich sind oder recht aufwändig wären, werden Bohrlöcher gerne auffahrungsseitig im Rotary-Verfahren mit Vorwärts-Hole Openern aufgeweitet. Diese Vorwärts-Hole Opener haben einen Füh-

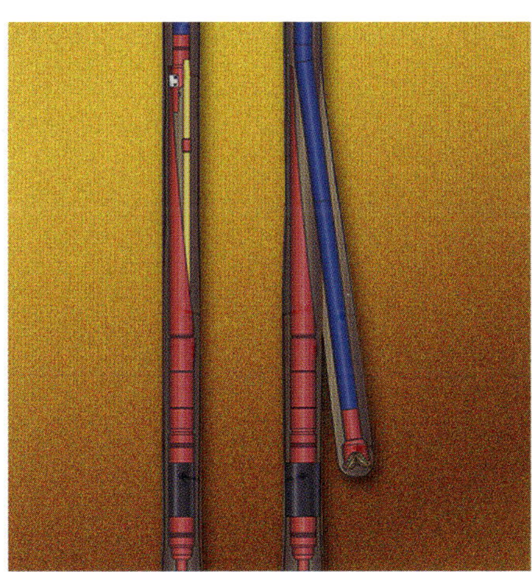

Bild 4.1 + 4.2: Whipstock-Lenkungsprinzip und Whipstock im Einsatz auf einer Produktionsbohrung

rungssporn oder eine Führungsnase, die im vorhandenen Bohrloch den Verlauf aufnimmt und somit dem Aufweitwerkzeug den Weg vorgibt.

Eine andere Art von HDD-Rotary-Bohrungen nutzt, ebenfalls unter Vermeidung echten Verlaufssteuerns, den klassischen Ablenkkeil (engl.: whipstock) zur Erzielung von Richtungsänderungen. Die Bohrung wird somit vor dem Ablenken („Keilen") in ihrer rotierenden Geradeausfahrt unterbrochen, der Bohrkopf samt Bohrstrang wird aus dem gesamten Bohrloch gezogen und ein Ablenkkeil mit orientierter Richtung wird dann mit einem dünnen Bohrgestänge in dieses Bohrloch eingeschoben. Der eingebrachte Keil gibt mit seiner Orientierung im Bohrloch die gewünschte Bohrrichtung vor. Bei Bedarf wird im Bohrungsverlauf mehrfach ein Keil gesetzt. Nach jedem Keilsetzen muss die Bohrung neu angefahren werden. Diese Methode ist mehr in der „Dritten Welt" verbreitet, wo man hochwertige Bohrtechnik aufgrund anderer Rahmenbedingungen manchmal vermeiden möchte oder muss.

Wirklich gelenkte Rotary-Bohrungen sind bedingt mit Ein-Rollen-Bohrmeißeln (manchmal „rhino cone" genannt) möglich. Solch ein Ein-Rollen-Bohrmeißel erlaubt bei voller Rotation die Geradeausfahrt im Gebirge und bei reinem Vorschub eine - mehr oder weniger brauchbare - Richtungslenkung in Positionsrichtung der einzigen Rolle am Bohrmeißel. Diese Meißelrolle benötigt eine sehr leistungsstarke Spülungsbedüsung, damit bei reinem Vorschub das Bohrgestänge Felsabtrag

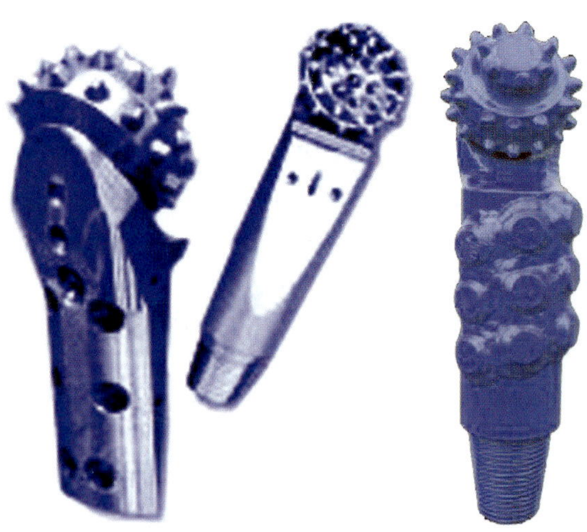

Bild 4.3: Ein-Rollen-Bohrmeißel verändert nach Fa. Drillers Supply, Houston, TX (links) und nach Fa. Drillers Supply Inc. (H.D.D. QuiKone)

leistet. Ein-Rollen-Bohrmeißel sind besonders verschleißanfällig (vorwiegend Kugellagerschäden), jeder Steuervorschub ist sehr langsam und nicht sehr richtungsgenau.

Nur in sehr weichem Fels oder durch Verwitterung sehr aufgemürbtem Fels sind Rotary-Bohrungen mit „Drei-Finger-Bohrköpfen" (asymmetrische HDD-Bohrköpfe mit drei Rundschaftmeißel) möglich. Der Vortrieb in diesem Mürbfels ist meist langsam und riskant. Durch Links-Rechts-Bewegungen des Drei-Finger-Bohrkopfes innerhalb einer Richtungszone versucht man dann Steuerbewegungen. Diese sind oft richtungsunscharf und bergen das Risiko des Bohrkopfverlustes durch die Linksbewegungen.

Aufgrund der selten erfreulichen Richtungslenkung mit dem HDD-Rotary-Verfahren nutzt die HDD-Fachwelt lieber HDD-Anlagen mit Doppelbohrgestänge oder Mudmotoren (siehe nächste Kapitel).

4.2 Imlochhammerbohrungen

Die Imlochbohrtechnik, ein bekanntes drehend-schlagendes Bohrverfahren mit einem innenliegenden Bohrhammer, hat im HDD-Bereich erst um die Jahrtausendwende Einzug gehalten. Dies hat zwei wesentliche Gründe: Die Ortungssender im Bohrkopf mussten vor extremen Beschleunigungskräften geschützt werden und das Bohrmehl (Fein-Cuttings) musste aus bogenförmigen Bohrlöchern heraus gefördert werden können.

Imlochhammerbohrungen werden überwiegend mit Druckluft bei hohem Druck betrieben, es sind trockene Bohrverfahren. Der Druckluftbedarf für den pneumatischen Antrieb des Schlaghammers im Bohrkopf ist erheblich (meist über 20 Kubikmeter pro Minute). Große Kompressoren sind daher nötig, um die entsprechende Antriebsenergie bereitzustellen.

Sehr aufwändige Dämpfungselemente sind notwendig, um Bohrkopfsender in Imlochbohrköpfen zu schützen. Die Bohrköpfe selbst benötigen andere Geometrien mit anderen Bit- und Düsenstellungen, um das Bohrklein selbst über gekrümmte Bohrstrecken aus dem Bohrloch zu blasen. Die britische Firma Halco hat sich hier um die Entwicklung leistungsfähiger Imloch-HDD-Bohrköpfe sehr verdient gemacht.

Bild 4.4: Imlochhammerbohrung mit einer Grundodrill 20 S in Irland unter einer Straße und einer Eisenbahnhauptverbindung

Dennoch gibt es Einschränkungen bei den Bohrlängen. Imlochhammerbohrungen, die mehrere Meter in die Tiefe führen, um dann wieder im Bogen aufzusteigen, sind selten länger als 70 bis 80 m. Die Gefahr des „Erstickens" im eigenen Bohrklein ist bei längeren Bohrungen somit ein Problem. Horizontale Imlochhammerbohrungen im Druckluftbetrieb gibt es seit Jahrzehnten, jedoch sind HDD-Imlochhammereinsätze, also verlaufsgesteuerte Vortriebe, bis heute in Deutschland nicht sehr häufig im Einsatz. Dies ist in Großbritannien, Irland und im gesamten Alpenraum anders. Wie in den USA (Eigenname, z. B. „Firestick-method") sind in den genannten Regionen HDD-Imlochhammereinsätze durchaus gefragt, die Bohrlängen liegen jedoch selten über 50 m.

Hinzu kommt, dass aufgrund der hohen Rückstellkräfte beim Bohrvortrieb die Bohranlagen stabil verankert werden müssen. Manchmal werden sie sogar in aus dem Fels herausgesprengte Startgruben gesetzt. Meist genügen starke Boden- bzw. Felsanker. In Gebieten, in denen die Anmischung und Nutzung von Bohrsuspensionen zu aufwändig wäre, die Strecken kurz, das Gestein jedoch besonders hart ist, werden Imlochhammerbohrungen bevorzugt. Zumal sie auch, wenn nicht gesteuert werden muss, recht schnelle Bohrvortriebe ermöglichen.

Bei den Imlochhammer-Verfahren gibt es jedoch recht unterschiedliche Varianten, die durch W. Arnold (1993) recht anschaulich beschrieben und in ihren Wirkungsweisen differenziert werden. So gibt es hydraulische Imlochhämmer, angetrieben durch Bohrspülungsflüssigkeit, die mit direkter Wirkung (Schlagbolzen wird direkt auf den Ambossbereich geführt) oder mit indirekter Wirkung (Schlagbolzen aktiviert federnde Elemente, die dann durch Entspannung den Bolzen auf den Ambossbereich zuführen) arbeiten. Am häufigsten sind jedoch die schon beschriebenen pneumatischen Imlochhämmer, die mit Druckluft, die über den Bohrstrang zugeführt wird, arbeiten. Der kolbenförmige Schlagbolzen überträgt die Schlagenergie auf den Schaft des Bohrmeißels. Durch eine Ventilsteuerung der Druckluft wird der Schlagkolben hin und her bewegt. Imlochhämmer unterscheiden sich in der Kolbenmasse, in der Kolbenfläche, in der benötigten Druckluftmenge und damit in der Energiezufuhr und in ihren Meißeltypen und Meißelbesatz.

Bild 4.5: Horizontale Imlochhammer-Anlage (Eigenbau) der Fa. Bürgi – Bohrtech aus Goldau (Schweiz)

Die Vielfalt der ungesteuerten Imlochhammer-Geräte ist groß, die der HDD-tauglichen Geräte jedoch sehr klein. Sehr beachtenswerte und sehr leistungsfähige horizontale Imlochhammer-Anlagen gibt es im Alpenraum, wie z. B. das in **Bild 4.5** dargestellte Gerät der Fa. Bürgi Bohrtech, das im Eigenbau hergestellt wurde.

4.3 Hammerlanzenbohrungen

4.3.1 Arbeitsweise

Hammerlanzenbohrungen stellen einen eigenen Weg des bohrtechnischen Felsvortriebs für kleine Durchmesser mit sehr kleinen HDD-Anlagen dar. Sie können nicht Imlochhammerbohrungen oder klassischen Drehschlagbohrungen zugeordnet werden, sie beinhalten aber gewisse Elemente beider Verfahren. Der Mechanismus ist jedoch anders als bei den genannten Methoden. Eine fingerartige bis vorhandartige Teilfläche des Bohrkopfes, die durch einen Kolben im Inneren schlagend bewegt wird, wirkt als schlagender Vorschneider im Gestein und sorgt für den Ausbruch einer Teilfläche, während die übrige Frontfläche einen nachgesetzten Schlag erhält. Dabei steht die Bohrlanze immer unter Teilrotation. Also nur eine Teilfläche des Bohrkopfes, der pneumatisch schlagend angetrieben wird und unter Teilrotation mit der ganzen Hammerbohrlanze befindlich ist, übt einen Vorschnitt-Einbruch im Gestein aus, bevor die übrige Frontfläche der Hammer-

Bild 4.6: Typischer Einsatzfall eines Hausanschlusses mit einer Hammerlanzenbohrung

bohrlanze mit einem nachgesetzten Schlag den übrigen Ausbruchbereich löst und zertrümmert. Der enorme Vorteil dieser Technik ist der relativ geringe Energieeintrag in Form von Druckluft (Aerosol-Gemisch ebenfalls möglich) bei hoher Vortriebsleistung im Fels. Durch diesen sehr effizienten vorauslösenden Schlag in den Fels mit nachrückendem Abtrag der kompletten Bohrlochfrontfläche wird ein schnelles Aufbrechen und Zerkleinern des Festgesteins erreicht. Der Rückschlag auf das Bohrgestänge selbst ist gering, die HDD-Kleinstbohranlage wird auf diese Art bestens geschont.

4.3.2 Entwicklung

Dieses Bohrverfahren wurde seit 2003 bei Tracto-Technik entwickelt und 2005 auf den Markt gebracht. Es ermöglicht ein sehr effektives Felsbohren mit kleinen HDD-Grubenbohrgeräten (HDD pit systems), die letztlich für den grabenlosen Bau von Hausanschlüssen und Straßenquerungen entwickelt wurden. Die ursprüngliche Anwendungsidee waren kurze gesteuerte Bohrstrecken in steinig durchsetzten Böden oder künstlichen, groben Auffüllungen mit steinig-felsigen Einlagerungen. Grundopit-Bohranlagen waren schon Standard-Geräte für Querungen und Hausanschlüsse in mittelschweren bis schweren natürlichen Böden oder Auffüllungen, die noch dem Lockergesteinsbereich zuzuordnen sind. Wie immer, wenn eine Technik gut ist, zuverlässig und leistungsstark funktioniert, wird ein „Mehr" gewünscht, hin zu härteren Bereichen und höheren Leistungsklassen, die bisher nicht möglich waren. Gesteinsbänke, Fels, grober Kies und Geröll, Steine, schwere und grobe Auffüllungen sollten bohrbar werden, allerdings ohne die Gerätetechnik zu schwer und zu kompliziert werden zu lassen.

Bild 4.7: Hammerbohrlanze und Hole Opener für HDD-Kleinstbohranlage

Der Kundenbedarf verlangte jedoch sogar die Bewältigung von eingelagerten oder anstehenden Felsen, zumindest für die meisten Festgesteinsarten. Tracto-Technik hat daraufhin einen kleinen schlanken Felsbohrkopf, die Hammerbohrlanze, entwickelt, mit der erstaunliche Leistungsspektren in Geröll, Schutt und Festgestein möglich sind.

Da alle HDD-Verfahren ort- und überwachbar sein müssen, beinhaltet die Hammerbohrlanze natürlich auch einen Sender für die Walk-over-Ortung. Es war eine besondere entwicklungstechnische Herausforderung, den Sender so stoßgeschützt im Bohrkopf zu lagern, dass es bei den sehr hohen Beschleunigungskräften keine Funktionsausfälle geben kann.

4.3.3 Eckdaten des HDD-Kleinstbohrsystems

- Stößt die Hammerbohrlanze auf Widerstände (größere Steineinschlüsse, Festgestein, Bauschutt oder Mauerwerk) wird der Hammereffekt automatisch aktiviert.

Grundopit Power mit Hammerbohrlanze	
Transportstellung L × B × H [mm]	1.130 × 480 × 480
Gewicht [kg] (ohne Gestänge)	260
Gestängemagazin Inhalt [m]	20
Zugkraft [kN]	45
Schubkraft [kN]	60
Max. Drehmoment [Nm]	1.000
Max. Spindeldrehzahl [U/min]	100
Pilotbohrung Ø [mm]	80
Bohrgestänge Ø [mm]	45
Gestängenutzlänge [mm]	500
Max. Ortungstiefe [m] (systemabhängig)	4

Tab. 4.1: Leistungsdaten der abgebildeten Kleinstbohranlage

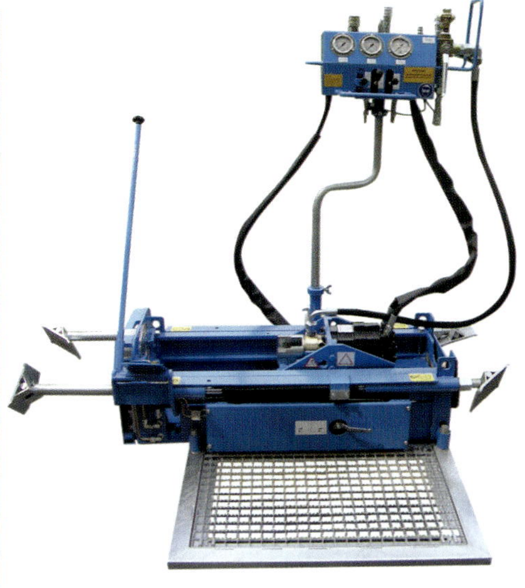

Bild 4.8: HDD-Kleinstbohranlage zur Nutzung der Hammerbohrlanzen-Technologie (Tracto-Technik)

- Die komplette Anlage kann zusammen mit einem Kompressor transportsicher auf einem kleinen Anhänger untergebracht werden.
- Die Bohranlage ist in drei Segmente zerlegbar und kann auch aus Kellerräumen aus Gebäude heraus eingesetzt werden.
- Im Rückwärtsgang ist der Einsatz von Hole Openern (unter Rotation) zur Bohrlochaufweitung möglich.
- Der Einzug von Leerrohren, Kabeln oder Sonden geschieht im Rückwärtsgang, auch die Herstellung reiner Bohrlöcher für geotechnische Anwendungen ist möglich.
- Grundopit wird häufig auch für Kombi-Hausanschlüsse (mehrere Sparten) genutzt.

4.3.4 Eckdaten der Bohrungen

- Bohrlänge: maximal 25 m in Festgestein, in steinig durchsetzten Böden bis 40 m
- Bohrdurchmesser für die Pilotbohrung: 80 mm
- Bohrdurchmesser für die maximale Aufweitung: 130 mm in Fels, 160 mm im steinigen Boden
- Maximale Druckfestigkeit des zu durchbohrenden Gesteins: 240 MPa, d. h. 90 % aller Festgesteine Europas sind bohrbar, u. a. Granit, Gneis, Sandstein (nicht bohrbar sind harte vulkanische Gesteine wie Basalt oder Diabas, sehr harte Metamorphite wie Quarzit, Eklogit, oder ähnlich harte Gesteine)
- Kurvenbohrbarkeit: nicht gegeben, nur geradeaus möglich
- Tagesleistung bei etwa 200 MPa Gesteinsfestigkeit: zwei bis vier Hausanschlüsse.

4.3.5 Hammerbohrlanze im Detail

Die Hammerbohrlanze muss von der Konstruktion her klein aufbauend, handlich tragbar, schnell montierbar, robust und verschleißfest sein. Da konventionelle schlagende Felsbohrkronen nur bei geringen Durchmessern eine hohe Vortriebsleistung zeigen und nur bei sehr starkem Energieeintrag und durch starke Luftspülung auch größere Querschnitte vortriebsstark bewältigen, musste hier ein

Bild 4.9: Hammerbohrkopf (Bohrkopffront) nach Durchbohrung von Rhyolith-Fels

neuer, recht unkonventioneller Weg für hohe Bohrleistung bei relativ kleinem Energieeintrag gewählt werden.

Wie schon dargestellt, benutzt die Hammerbohrlanze ein schlagendes Vorbohrsystem, das zunächst einen Segmentausschnitt aus dem Vortriebsquerschnitt der Gesteinsfront herauslöst. Abstands- und zeitversetzt werden unter Teilrotation die hier gelösten Gesteinspartikel (cuttings) nochmals mit der Hauptfront der Felsbohrlanze zertrümmert, während gleichzeitig schon wieder der nächste Segmentausschnitt aus der Gesteinsfront mit dem Vorbohrsystem herausgelöst wird. Dieses Vorbohrsystem, ein fingerartiger Schlagzapfen innerhalb der Felsbohrlanze, wirkt hocheffektiv beim vorauseilenden Herauslösen von vertiefenden Frontschneideabschnitten. Das übrige Gesteinsgefüge wird hierdurch entscheidend geschwächt und kann mit der Hauptfront der Felsbohrlanze somit leichter zertrümmert werden. Durch Kombination von vorauseilendem Schlagzapfen und Gesteinszertrümmerung bzw. Nachzertrümmerung durch die Hauptfront der Bohrlanze kann mit relativ wenig Energieeintrag eine sehr schnelle und leistungsstarke Gesteinslösearbeit für den gesamten Bohrquerschnitt erreicht werden.

4.3.6 Anwendungsbereiche

Heute werden sehr viele Hausanschlüsse in felsigen Mittelgebirgsregionen, im Alpenvorland, Gebieten mit verbreiteten Schottern, Geröllen oder einzelnen Felsbänken im Untergrund mit diesem Verfahren als Standardmethode gebaut und angeschlossen. Verlegt werden bei diesen Hausanschlüssen, die häufig auch in Hanglage befindlich sind, Erdgasleitungen, Wasserleitungen, Telekom- und Breitbandkabel sowie Stromleitungen. Auch im Vorland der Mittelgebirge, die häufig Schotter, Geröll oder Hangschutt im Untergrund haben, sind Grundopit Power-

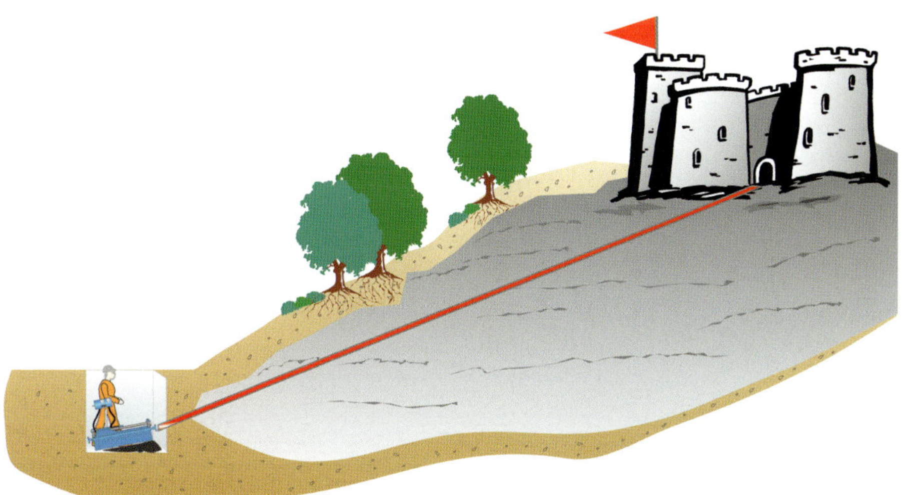

Bild 4.10: Beispiel eines „Hausanschlusses" mit einem Grundopit Power und der Hammerbohrlanze

Bohrungen häufig. Manchmal werden die Hausanschlüsse auch durch Mauerwerksfundamente durchgebohrt. Von der Startgrube im Gehweg oder in der Straße kann somit bis ins Haus hinein gebohrt werden, da Mauerwerk oder Beton kein Hindernis für die Hammerbohrlanze darstellen. Üblich ist jedoch eine Zielgrube vor der Hauswand und die Durchbohrung des Fundaments mit einem Kernbohrgerät. In Regionen oder Städten mit großer Vergangenheit und Mauern vergangener Generationen im Untergrund kommt das HDD-Kleinstbohrgerät mit Hammerbohrlanze genauso zum Einsatz wie in Schotter-, Handschutt- oder Geröllregionen.

Typische Anwendungssituationen für die Felsbohrtechnik auf Grundopit-Basis sind reihenweise Hausanschlüsse mit Hunderten neuer Anschlussleitungen für Trinkwasser, Erdgas oder FTTH (= Fiber to the home, Glasfaser). In bergigen Gebieten Süddeutschlands zum Beispiel zeigt der Baugrund oft ab 60 bis 80 cm Tiefe Wechsellagerungen von Mergel und Tonabfolgen mit eingeschalteten Felsbänken. Diese Felsbänke, zum Teil aus Sandstein, zum Teil aus Kalksteinen und zum Teil aus natürlichen Kalksandsteinen bestehend, sind wenige Zentimeter bis mehrere Dezimeter stark und würden normalerweise bei offener Bauweise schwere Gerätschaften mit Aufbruchwerkzeugen erforderlich machen. Die Haus-

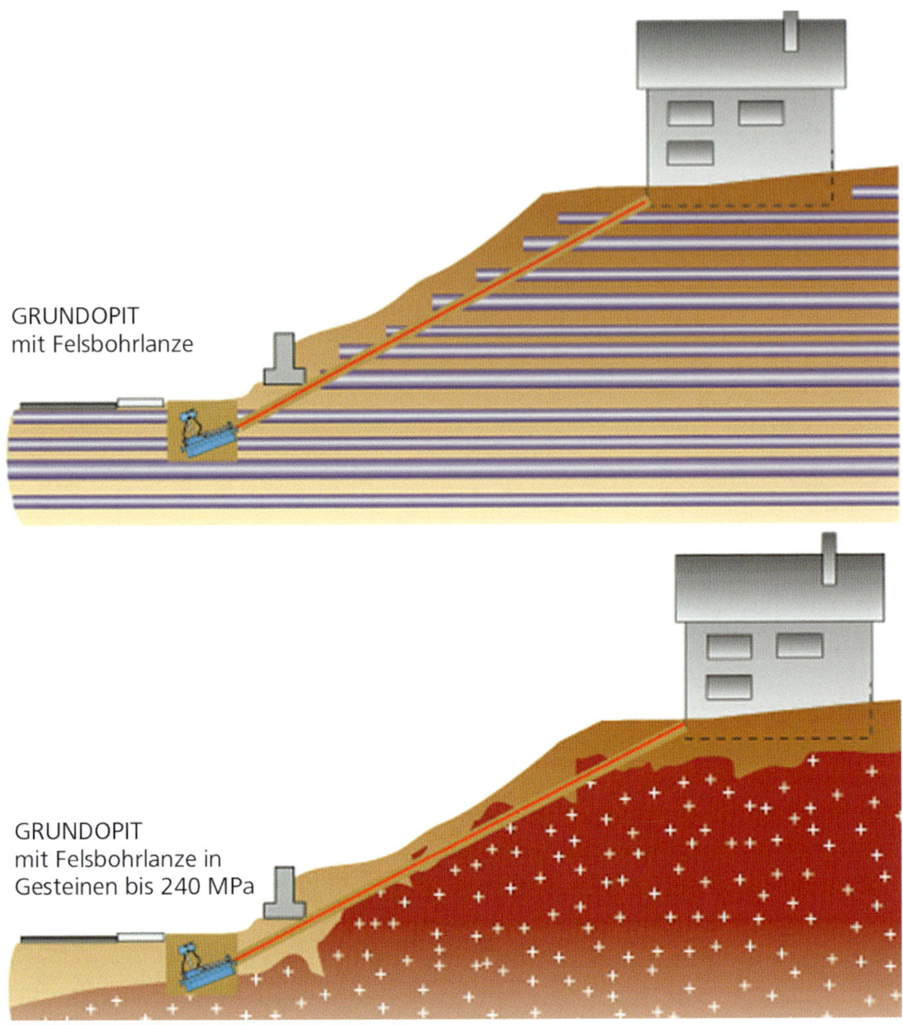

Bild 4.11: Typische Einsatzfälle für Hausanschlüsse am Hang. Die obere Grafik zeigt Wechsellagerungen von weichen und felsigen Zonen im Baugrund und die untere Grafik gibt Festgesteine (z. B. Granit) im Untergrund wieder, der zum Teil unter einer sehr geringen Verwitterungsdeckschicht und damit in Mindestverlegetiefe ansteht (alle Grafiken: Yvonne Hennecke)

anschlussverlegungen durch solche Gesteinswechselfolgen erfordern bei Einsatz der Hammerbohrlanze keinerlei Geräte- oder Bohrwerkzeugwechsel. Alle Hausanschlussstrecken werden hier mit der Hammerbohrlanze aufgefahren, wobei mehrere Hausanschlüsse mit bis zu 25 m Gesamtlängen in einer Arbeitsschicht bewältigt werden können. Die Grundopit-Anlagen mit Hammerbohrlanzen sind für solche Hausanschlüsse in Reihenanordnung häufig in einer Stadt im monatelangen Dauereinsatz und versorgen in dieser Weise umweltschonend und grabenlos ganze Stadtteile mit neuen Hausanschlüssen.

4.4 Bohrungen mit Doppelbohrgestänge

Ungesteuerte Bohrungen mit doppeltem Bohrgestänge, also einem Innen- und einem Außen-Bohrgestänge, werden häufig in Bereichen mit gebrächem Fels, mit Felssturzmassen, mit grobem Geröll und Blöcken, mit Wechselverhältnissen zwischen hartem und weichen Gestein, zwischen weichen und härteren Felspartien, sowie zum Beispiel in Aufschüttungen mit harten Komponenten eingesetzt. Diese ungesteuerten Bohrungen sind meist recht kurz und werden häufig in der Rohstoffgewinnung und z. B. in der Geotechnik eingesetzt. Schon lange bestand der Wunsch, in wechselnden Gebirgsverhältnissen, in Schuttmassen oder groben Ablagerungen längere und verlaufsgesteuerte Bohrungen vornehmen zu können.

Seit wenigen Jahren ist in der HDD-Technologie auch ein Arbeiten mit Doppelgestänge möglich. Solche Doppelgestänge-HDD-Anlagen haben meist „All condition" oder „All terrain"-Bezeichnungen. Sehr harte Gesteine und Bohrstrecken über 200 bis 400 m Länge sollten jedoch besser mit Mud-Motoren aufgefahren werden, da auch das Doppelgestängebohren Grenzen hat. Diese Grenzen liegen in der Druckfestigkeit des Felsgesteins (zumeist bei 250–300 MPa) und sie liegen im Rest-Reibungspotenzial zwischen Innen- und Außengestänge, das somit die Bohrlänge reduziert.

Bei Doppelgestängebohrungen treibt das Innenrohr den Bohrmeißel an. Das Außenrohr, das zugleich eine Verrohrung im wechselhaften Untergrund vornimmt, steuert den Felsbohrkopf durch Drehen des abgewickelt angesetzten (und damit asymmetrisch wirkenden) Bohrkopfes. Das Innenrohr wird an Lager-

Bild 4.12: Grundodrill 18 ACS in der Tracto-Technik-Niederlassung Altbach/Neckar

punkten in dem Außenrohr gelagert und reduziert auf diese Art beim HDD-Bohren den Kontakt mit dem Außenrohr. Die Menge an Bohrspülung ist durch das Doppelbohren allgemein geringer. Der Drehantrieb (versorgt über einen Dieselmotor) läuft beim neuesten Bohrgerät in dieser Klasse, dem Grundodrill 18 ACS, während der Pilotbohrung auf einem gewissen Sparmodus. Ein weiteres Novum bei diesem Gerät ist eine neuartige Gestängesteckverbindung (Elicon), die für eine sehr schnelle Ankopplung des Innenrohres sorgt und damit im Bohrbetrieb eine ansehnliche Zeitersparnis erbringt. Solche Gestängesteckverbindungen sind zudem technisch robuster und verschleißfester als Schraubgewindeverbindungen. Beim Aufweiten hingegen kann dieses moderne Bohrgerät das Dreifache an Drehmoment aufweisen und somit in seiner Hauptbedarfsphase problemlos die notwendige hohe Bohrleistung aufbringen.

In wechselhaftem Fels und Geröllboden hat das Außenrohr eine entscheidende Schutzfunktion und verhindert ein Hereinstürzen von nicht standhaften Fels- oder Geröllmaterial in das Bohrloch. Hart-Weich-Wechsel im Gestein bzw. im groben Lockergestein mit hohem Anteil an Steinen und Blöcken ist bohrtechnisch

Bild 4.13: Typische Einsatzsituation für ein All condition-Bohrsystem: Gesteinsaushub aus einer Startgrube für eine Bohrung bei Beratzhausen

Bild 4.14: Austritt des ACS-Bohrkopfes aus dem kalkfelsigen Untergrund in Beratzhausen

Bild 4.15: ACS-Bohrkopf mit abgeschraubter Ortungsschutzplatte und Einblick zum Bohrkopfsender

sehr herausfordernd und die Gefahr eines Bohrlocheinsturzes ist latent gegeben. Gerade in solchen Gesteinen hat jedoch das Doppelgestänge-Bohrverfahren seine ganz wesentlichen Vorteile.

Blockschutt- und Versturzhalden im Gebirge, Gerölle, grobe Schotter, Felsvorsprünge und Wechselsituationen zwischen weichen und harten Gesteinsschichten sind die ideale Anwendungssituation für All condition-Systeme.

Bild 4.16: Grundodrill 18 ACS im abendlichen Bohreinsatz

Für lange gesteuerte Bohrungen (über 200 bis 400 m) im reinen und durchgehenden Fels sind Mud-Motoren in ihrem Leistungsverhalten jedoch vorteilhafter.

Leistungsdaten einer All condition-Bohranlage

- Gerätetyp: Grundodrill 18 ACS (Baujahr 2011/12)
- 126 kW Dieselmotor mit 170 Liter Tank
- 2.500 Nm Drehmoment für Pilotbohrung am Innenrohr
- 7.500 Nm Drehmoment zum Aufweiten
- 2 Rotationsantriebe: Innengestänge 350 rpm/2.500 Nm, Außengestänge 200 rpm/7.500 Nm Elicon 95 (alternativ: 200 rpm/ 10.000 Nm bei Verwendung von TD 82 Normalgestänge)
- Gestängeeinzellänge 3 m, Gesamtlänge pro Stapelbox: 24 m
- 5 stapelbare Gestängeboxen mit je 8 Gestängen
- 400 Liter/min max. Förderleistung der Bentonitpumpe
- Gerätemaße: Länge 6,60 m, Breite 2,30 m, Höhe 2,57 m
- Gewicht 13.710 kg mit 32 Stück (96 m) Felsbohrgestänge
- Gestängeheben, Magazinverschiebung, Vorschub über Zahnstangen
- 183 kN Schub- und Zugleistung + Reserve
- 300 m maximale Bohrlänge (bodenabhängig)
- 600 mm (20") maximaler Aufweitdurchmesser (bodenabhängig)
- 55 m Biegeradius des Doppelbohrgestänges
- Rockbreaker-Bohrkopf: 1800 mm lang, 1,75° Abwinkelung, 6.75"-Rollenmeißel
- 2 Stützschilder und 1 Ankerbohrgerät zur Maschinenverankerung
- Automatische Bohrdatenerfassung
- Integriertes Sendergehäuse für Standard-Ortungssysteme
- Ortungssender nah am Bohrmeißel
- Einfache Bedienung – keine komplizierten Bewegungsabläufe zum Steuern notwendig.

Hart-Weich-Wechsel im Gestein

All-condition Bohrsysteme (ACS) lösen diese schwierige Situation

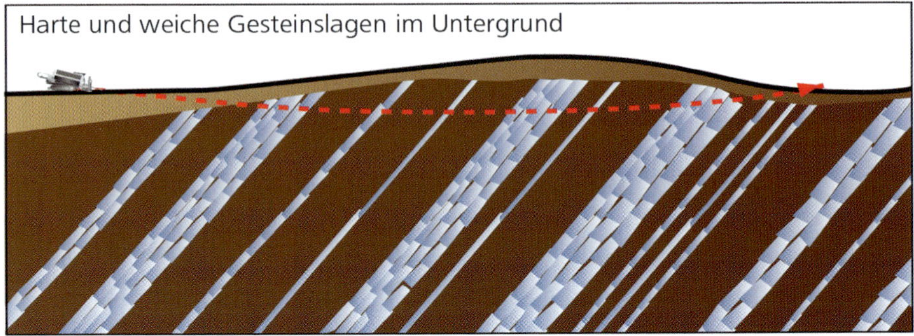

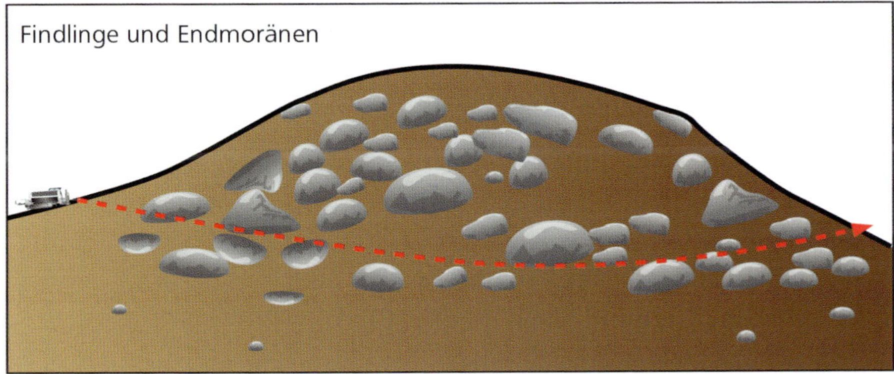

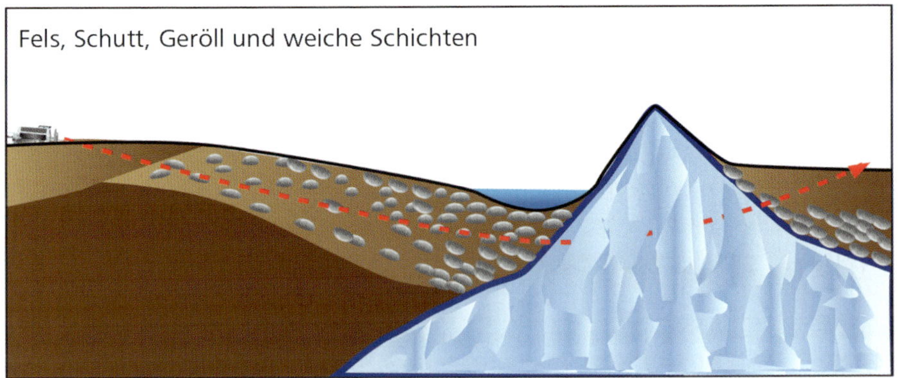

Bild 4.17: Typische geologische Anwendungssituationen für ACS-Bohrsystem (Grafik: Y. Hennecke, Tracto-Technik)

4.5 Andere Bohrverfahren

Neben den bisher beschriebenen Bohrverfahren gibt es viele andere Bohrverfahren, die für Hartgesteinsanteile und Felsanwendungen entwickelt wurden, die jedoch bislang – meist aus wirtschaftlichen Gründen – wenig Verbreitung erfahren haben.

4.5.1 Coiled Drilling

Warum einzelne Bohrgestänge fortlaufend miteinander verschrauben, wenn man ein einziges langes Bohrgestänge herstellen und auf einer Rolle aufwickeln kann? Bohrgestänge zu verschrauben ist lästig, die Gewinde sind verschleißanfällig und den Verschraubungsvorgang einzusparen, wäre ein guter Zeitgewinn im Bohrgeschäft. So dachte man vor über 30 Jahren, als das Coiled-Tubing-Bohrgestänge in Kanada entwickelt wurde. Da beim Einsatz von Mud-Motoren das Bohrgestänge nicht rotieren muss, wären Abroll-Bohrgestänge eigentlich ideal zur Bewältigung recht langer und auch kurvenförmiger Bohraufgaben. Es gelang, ein solches Coiled-Tubing-Gestänge herzustellen. In Aberdeen in Schottland wurde vor 20 Jahren sogar eine Fabrik dafür gebaut (Fa. Nowsco).

Bild 4.18: HDD-Coiled Drilling-Bohranlage der Fa. Steward & Stevenson/Houston

Von den Effekten der technischen Wirklichkeit wird man im Bohrgeschäft oft täglich überrascht. Die Haltbarkeit des Abroll-Bohrgestänges ist sehr begrenzt. Nach drei bis fünf Arbeitseinsätzen ist das Bohrgestänge in seinem Gefüge ermüdet, es treten Fissuren (Haarrisse) auf und und es muss aussortiert werden. Als Altmetall zu schade, dient es dann sekundären Produkten (z. B. Zaunpfählen, Haltestangen, Rundprofilen). Es stellte sich auch heraus, dass Coiled Drilling wenig Bohrfortschritt und damit Bohrleistung im Fels erbringt, zu wenig, um wirtschaftlich dauerhaft damit arbeiten zu können. Für den HDD-Anwendungsbereich wurden bislang weltweit nur zwei Bohranlagen von der Firma Steward & Stevenson in Houston/Texas gebaut.

Im Süden der USA sind diese Bohrgeräte vor allem für Fluß- und Verkehrswegequerungen mit Mud-Motoren im Einsatz. Besonders in wechselnden geologischen Untergrund-Verhältnissen werden diese HDD-Anlagen eingesetzt.

Coiled Tubing-Gestänge im Tiefbohrgeschäft hingegen ist heute fast nur als Revisionsbohrgestänge in vorhandenen, ausgebauten oder verrohrten Bohrlöchern im Einsatz, um Frac-Aufgaben in Kohlenwasserstoff-Lagerstätten vorzunehmen und um dadurch den Förderfluss zu erhöhen.

In Felsgesteinen für den Neuvortrieb von Bohrlöchern findet Coiled Drilling so gut wie keine Anwendung. Zur Auffahrung alter Bohrlöcher im Fels kann es jedoch ein sehr interessantes und hier auch leistungsfähiges Verfahren darstellen.

4.5.2 Flammstrahlbohren

Viel Entwicklungsgeld wurde in den 1970er bis 1980er Jahren in die (militärische) Entwicklung von Heißgasbrennersystemen entwickelt, um in kurzer Zeit große Bohrdurchmesser im Festgestein erzeugen zu können. Ziel war die schnelle Errichtung von unterirdischen Tunnelsystemen und von unterirdischen Raketensilos. Teilweise kam es nur zu kleinmaßstäblichen Erprobungen (Deutschland, Slowakei), zum Teil zur Anlage ganzer Silos (Russland) und Tunnelstrecken (USA). Es konnte nachgewiesen werden, dass die Technik funktioniert, der Energieverbrauch jedoch dermaßen hoch ist, dass er jegliche wirtschaftliche Ansätze entbehrt. Die verwendeten Gase erzeugten eine Temperatur zwischen 2.000 bis 2.500 °C, die Strahlgeschwindigkeit betrug bis zu 1.800 m/s. Die Gesteinszerstörung liegt in der unterschiedlichen Wärmeausdehnung der einzelnen Mineralkörner. Als Heißgase wurden Sauerstoff und flüssige Kohlenwasserstoffe eingesetzt,

Bild 4.19: Heißbrenner-Bohrverfahren mit Gasbetrieb, System MBB (Quelle: Fa. VISAPLAN, Bochum)

gleichzeitig wurde außen Kühlwasser zugeführt, was die Gesteinslösung beschleunigte.

4.5.3 Laserbohren

Seit einigen Jahrzehnten wird versucht, mit Laserstrahlen Festgestein zu lösen. Das hochenergetisch gebündelte Licht erzeugt strahlartige hohe Temperaturen, die das Gesteinsgefüge durch eine schockartige Temperaturbehandlung ablösen und zum Teil zur Verdampfung bringen. Auch hier ist der Energieeintrag enorm. Erst in den letzten Jahren, als es gelang, energieärmere, stärker gebündelte und gepulste Laser zu entwickeln, näherte sich diese Gesteinslösemethode ersten wirtschaftlichen Ansätzen. In der Zahnmedizintechnik entstand das geräuscharme Laserbohren für Behandlungen im Zahnschmelz, der dem Mineral Apatit sehr ähnlich ist. Am Argonne National Laboratory im Staat Illinois (USA) beschäftigen sich Forscherteams mit dem Laserbohren in Festgesteinen. Eindringtiefen von mehreren Dezimetern bis Metern sind gut erreichbar. Ein tieferes, bohrlochartiges Eindringen mit gleichzeitigem Abfördern des Gesteinsmaterials ist jedoch eine große Herausforderung und es bedarf noch erheblicher Entwicklungsarbeit.

4.5.4 Weitere Bohrverfahren

Bohrverfahren nach dem Erosionsprinzip, mit Hochdruckflüssigkeitsstrahlen, mit Ultraschalleinsatz (Sonic Drilling), mit Mikrowellen oder mit Hochtemperatureinwirkung, z. B. über Hochspannungslichtbögen, werden gern als völlig neue Verfahren dargestellt. Dabei sind sie in ihren Grundprinzipien seit Jahrzehnten bekannt. Für das Bohren ist das Austragen des Bohrkleins, nicht nur oberflächennah, sondern auch über längere Strecken und aus größeren Tiefen entscheidend. Es ist auch entscheidend, einen Mineralbestandswechsel im Gestein, ein Wechsel im Gefügeverbund, der internen Festigkeit, bei Druckspannungen und z. B. in der Gesteinshärte, gut beherrschen zu können. Bohren sollte zudem auch wirtschaftlich sein und nicht unökonomisch und unökologisch aufwändig.

Manches dieser Bohrverfahren wird dann seinen Durchbruch in der Anwendung erfahren, wenn durch neue Entwicklungen das Bohren auch über längere Bohrstrecken und bei den genannten Parametern effizient werden wird.

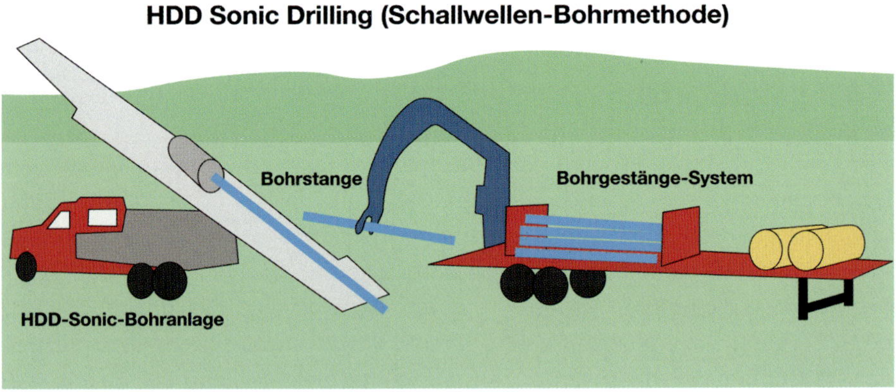

HDD Sonic Drilling (Schallwellen-Bohrmethode)

Bohrstange

Bohrgestänge-System

HDD-Sonic-Bohranlage

Bild 4.20: Sonic Drilling im HDD-Einsatz (vereinfacht nach Ami Adini & Ass. Inc., CA, 2010)

5.
Speziell für HDD-Anwendungen entwickelte Mudmotoren und Bohrwerkzeuge

5.1 Besonderheiten von HDD-Mudmotoren

Die Grundlagen der Mudmotoren wurden schon eingehend beschrieben, hier geht es ausschließlich um die Besonderheiten von speziell für HDD-Anwendungen weiterentwickelte Mudmotoren.

Spezielle HDD-Mudmotoren, wie der abgebildete Grundorock-Motor, sind sogenannte Low-Flow-Motoren, das heißt sie kommen mit wenig Bohrspülung aus.

Extreme Überlagerungsdrücke und sehr hohe Temperaturen in der Tiefbohrtechnik machen einen weiten Spielraum zwischen Rotor und Stator erforderlich. Für HDD-Anwendungen sollte dieser Spielraum, insbesondere bei kleinen und mittleren Bohranlagen, so eng wie möglich sein. Je kleiner die Spülungsmenge für den Schraubenmotor, desto effektiver und wirtschaftlicher die Baumaßnahme. Für HDD-Anwendungen im Straßenraum darf der Raumbedarf für die Spülungsmisch- und -pumptechnik nur äußerst gering sein. Gleiches gilt für die Größe von eingesetzten Recyclern.

Die Baugröße der Mudmotoren muss, wenn sie auf 10- bis 20-t-HDD-Anlagen laufen sollen, so gering wie möglich sein, schließlich geht es in der Längsverlegung um Leitungen mit 90 bis 160 mm Durchmesser, selten um größere Durchmesser. Bei einem Überschnitt von 30 % werden somit Bohrlöcher ab 120 mm Durchmesser benötigt. Den Luxus größerer Bohrlöcher trägt die Versorgungswirtschaft nur sehr selten. Die kleinsten HDD-Mudmotoren liegen daher im Durchmesserbereich von 2 7/8" (ca. 74 mm).

Leistungsunterschiede zwischen verschiedenen Mudmotoren sind durch den konstruktiven Innenaufbau und damit herstellerbedingt. Es macht einen deutlichen Unterschied, ob die Antriebswelle als Biegewelle in einem Segment

Bild 5.1: Speziell für HDD-Bohrungen optimierte Felsbohrwerkzeuge (Grundorock-Mudmotor und Hole Opener)

(z.B. wie beim Grundorock-Motor), oder als Gelenkwelle ausgebildet ist. Wie Spannungsanalysen bei der Biegewelle zeigen, vermindert deren Flexibilität hier schon Leistungsverluste, die bei der Gelenkwelle noch gegeben sind.

Sehr entscheidend ist der Aufbau des Lagerstocks, der beim Grundorock-Mudmotor – im Gegensatz zur üblichen Technik – nicht offen und damit nicht bohrspülungsgeschmiert ist, sondern in patentgeschützter Weise gekapselt und in diesem geschlossenem System ölgeschmiert ist. Dieses System erhöht entscheidend die Lebensdauer des HDD-Mudmotors und reduziert zugleich die Betriebskosten ganz erheblich.

Der patentierte Lagerstock ist selbstschmierend und druckausgleichend, besitzt eingebaute Schwingungsdämpfer, erlaubt sehr große Lagerbelastungen, zeigt dank geringer Reibung deutlich geringeren mechanischen Verschleiß und erlaubt die Verwendung von dichterer oder angereicherter Spülung.

5.2 HDD-Mudmotoren für kleine Bohrgeräte

Ziel langjähriger Entwicklungen war es, bei Bohrlochmotoren ein höheres Drehmoment mit weniger Spülungsdurchflussrate zu liefern. Damit wollte man erreichen, dass Mudmotoren auch auf kleineren Bohranlagen eingesetzt werden können. Felsbohren ab der 10-t-Bohrgeräteklasse war das Ziel. Diese technische Möglichkeit schaffen bis heute nur die Grundorock-Mudmotoren. Sie kommen mit weniger als der Hälfte an Spülungsrate aus als vergleichbare Mudmotoren der gleichen Leistungsklasse.

Solche „Low Flow"-Motoren mit geringer Durchflussrate und hoher Belastungskapazität konnten nur durch die Konstruktion einer speziell auf den HDD-Markt abgestimmten Antriebseinheit (Rotor/Stator – power section), der flexiblen Antriebswelle und dem schon beschriebenen, sehr aufwändig und vorteilhaft gebauten Lagerstuhl (bearing section) erreicht werden.

Die andere Besonderheit dieser Motoren ist die geringe Wartungsintensität und die hohe Laufzeit, die durchschnittlich das Doppelte bis Dreifache von Mudmotoren mit offenem Lagerstuhl beträgt.

5.3 Aufweitwerkzeuge (Hole Opener) für HDD-Felsbohrungen

Bei HDD-Bohrarbeiten wird der leistungsintensivere Arbeitspart im Rückwärtsgang bei den Aufweitarbeitsschritten geführt. Dies gilt genauso beim HDD-Felsbohren, weshalb hierfür unter Zugkraft (Traktion) arbeitende Bohrwerkzeuge entwickelt wurden, die unter ständiger Rotation ein Erweitern des vorgeschnittenen Bohrloches ermöglichen. Felsbohrungen müssen sehr häufig in Aufweitstufen vergrößert werden, nur selten reicht die Pilotbohrung mit dem Mudmotor auch zur Aufnahme des Produktrohres aus. Aufweitungen im Fels bedingen völlig andere Werkzeuge als im Lockergestein, aber auch als in der Tiefbohrtechnik. Allenfalls haben sie Ähnlichkeit mit kleinsten Raise-Bohrköpfen und vom Arbeitsprozess könnte man von „liegenden" Miniatur-Raise-Bohrungen sprechen. Felsaufweitköpfe, international als „Hole Opener" bezeichnet, haben einen Führungsschaft, der in die Dimension des zuvor erzeugten Felsbohrloches passt. Daran schließt ein Ringkranz mit Schneidrollen an, die an einem breiteren, runden Tragkörper (body) ansitzen.

Die Schneidrollen können ein kegeliges, stumpfkegeliges bis abgeschnitten kegeliges Aussehen haben, im Schneidbesatz sind je nach Gesteinssituation glatte Schneidringe, Zahnringe, Zähne oder Warzenstifte auf den Kegelflächen in

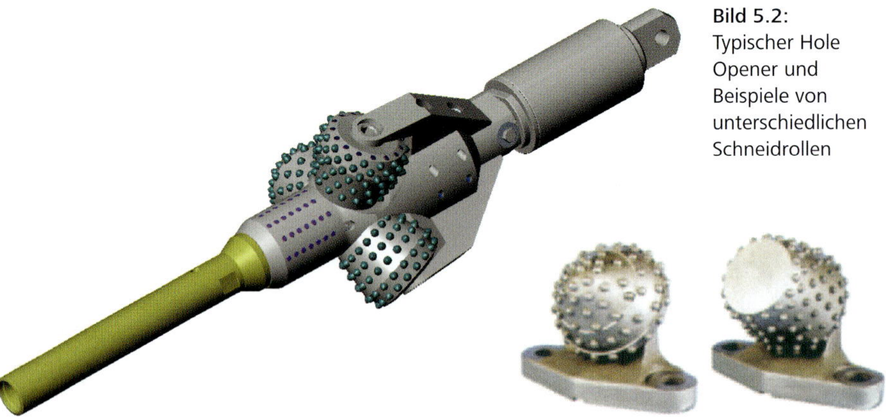

Bild 5.2: Typischer Hole Opener und Beispiele von unterschiedlichen Schneidrollen

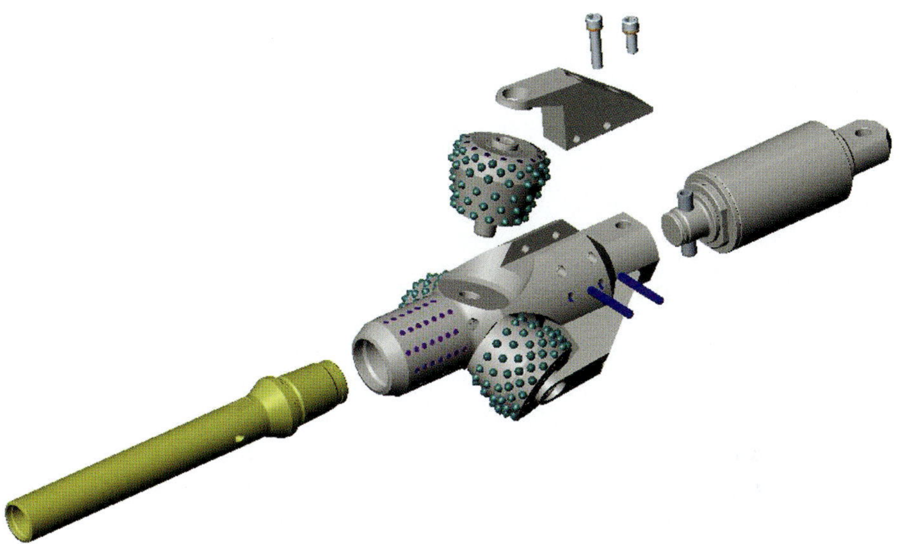

Bild 5.3 + 5.4: Hole Opener als Komponentendarstellung und Hole Opener direkt nach dem Bohrloch-Aufweitungseinsatz im Kalkfels

den bekannten Geometrien möglich. Häufig sind Zahnkranz- und Warzenstiftschneidrollen in gleich verteilten Anordnungen zu finden.

Sollte bei der Pilotbohrung mit dem Mudmotor der Meißelkopf schon deutlichen Verschleiß und erschwertes Bohren gezeigt haben, so ist bei Hole Openern entsprechend der IADC-Code der Zahn- oder Bit-Besatz für die Schneidrollen mindestens ein bis zwei Stufen höher zu wählen.

Nicht vergessen werden sollte, dass Hole Opener einen ungleich größeren Querschnitt herzustellen haben, als es der jeweils schon vorliegende Querschnitt darstellt, und dass die Schneidkraft der Schneidrollen über das Bohrgestänge von der HDD-Anlage aufgebracht werden muss. Je größer das Drehmoment der HDD-Anlage, desto größer die möglichen Hole Opener-Querschnitte.

Nicht nur gute und verschleißfeste Schneidrollen sollten einen Hole Opener auszeichnen, sondern vor allem auch sehr gute und verschleißfeste, wenn möglich abgedichtete Gleitlager. Besonders bei größeren Querschnitten ist eine ausreichende Zentrierung des Hole Openers vor und hinter den Schneidwerkzeugen wichtig, ebenso sollte die Werkzeugbelastung dem Schneidrollentyp und der geologischen Formation entsprechen.

6.
Ortungstechniken

Die verlaufsgesteuerte Horizontalbohrtechnik (horizontal directional drilling, HDD) erfordert nahezu permanentes Steuern beim Pilotbohrvortrieb. Steuern kann man beim Bohren nur, wenn man die genaue Position und möglichst auch die Orientierung des Bohrkopfes bzw. der Bohrkopffront kennt. Die Ortung des Bohrkopfes ist unerlässlich und zeichnet die besondere HDD-Technologie und ihre Steuermöglichkeiten aus.

Für die Ortung gibt es verschiedene Verfahrenswege: die sogenannte „Walk-Over-Ortung" und die Ortung mit „Wire-Line-Systemen".

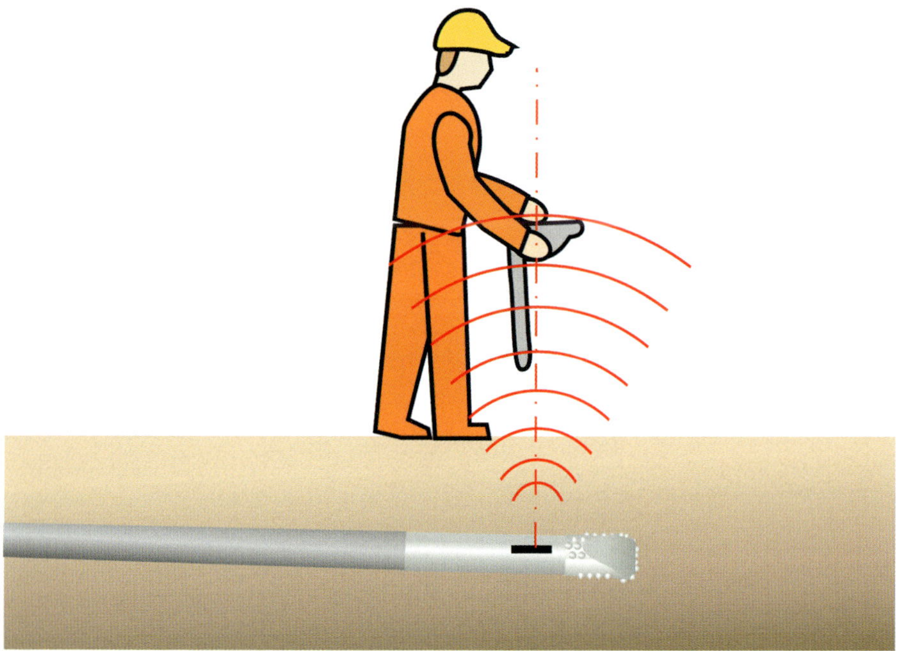

Bild 6.1: Walk-Over-Verfahren

6.1 Walk-Over-Verfahren

„Walk over" bedeutet, dass die Ortung beim Gehen (oder Fahren vom Boot aus) auf der Erdoberfläche über dem Bohrkopf im Erdreich erfolgt. Der Bohrkopf besitzt eine Kammer, in der sich ein erschütterungsfrei gelagerter Sender befindet, der permanent ein elektromagnetisches Feld liefert. Dieses kann von oben in seiner Tiefenlage geortet werden.

Für die meisten HDD-Bohrungen wird das Walk-Over-Verfahren eingesetzt, da es ein zügiges Orten und eine unkomplizierte Handhabung ermöglicht. Bohrtiefen über 20 m oder Stahlstrukturen an der Erdoberfläche (z. B. Bahngleise, Armierstahlgitter in Betondecken, verursachen einen Faraday'schen Käfig-Effekt) setzen der Anwendung jedoch Grenzen. Der vor jedem Bohreinsatz zu kalibrierende Sender (eine eingegossene Sendespule, eine längliche Platine, ein Inklinometer) in Zylinderform wird mit Batterien stromversorgt und ist in einer eigenen Sende- und Batteriekammer im Bohrkopf bzw. Mudmotor untergebracht. Um ihn gegen die im Bohrkopf wirksamen Beschleunigungskräfte und Stöße zu sichern, wird er axial und radial in besondere Dämpfungselemente (shock mounts) stoßsicher gelagert. Da die elektromagnetischen Sendesignale den Bohrkopf verlassen müssen, gleichzeitig der Sender (Transmitter) nach außen aber bestmöglich geschützt sein soll, weist der Bohrkopf schmale längliche, mit verschleißfestem Kunststoff vergossene Sendefenster auf, die in fester geometrischer Anordnung (jeweils 90°-Stellungen) definierte Signalfenster darstellen, die auch Rückschlüsse auf die Verrollung geben können. Die verwendeten Sender können unterschiedliche Sendestärke, unterschiedliche Frequenz und unterschiedliche Zusatzfunktionen aufweisen.

Über der (Erd-)Oberfläche wird mit einem Empfangsstärkemessgerät (Receiver) jeweils das Maximum an Sendesignal geortet und auf diese Weise der Ort direkt über dem Sender lokalisiert. Die Signalstärke steht in Relation zur Sendertiefe, somit ist eine Tiefenfeststellung möglich. In größerer Verlegetiefe wird die Tiefenfeststellung jedoch von zunehmender Abweichungstoleranz beeinträchtigt (laut Hersteller 5 % des Tiefenmaßes, de facto jedoch logarithmisch zunehmend). Mittlerweile bestehen auch Ortungsmöglichkeiten des Senders, die ein direktes Lokalisieren über den Sender ersparen können (seitliches Orten möglich, was bei Überbauungen oder stark frequentierten Verkehrswegen sehr hilfreich sein kann). Auch werden heutzutage zumeist die Sendersignale per Funk vom Receiver zum

Bild 6.2: Walk-Over-Verfahren bei Gewässerunterfahrungen

Bedienpult an der HDD-Anlage übertragen und können im Empfänger z. B. automatisch gespeichert oder z. B. mit den geplanten Verlaufsdaten direkt verglichen werden.

Durch schmale Sendefenster und besondere digitale Signale wird auch die Verrollung und Neigung des Bohrkopfes gemeldet, das heißt die Drehlage der Steuerfläche des Bohrkopfes (seine asymmetrische Anschrägung) und der Abtauch- bzw. Auftauchwinkel werden erfasst. Der Bohrmeister kann sich auf diese Weise ein dreidimensionales Lagebild des Bohrkopfes im Erdreich vorstellen und dadurch den weiteren Bohrungsverlauf durch Steuerbefehle lenken. Da die magnetische Feldstärke eines Bohrkopfsenders mit zunehmender Tiefe logarithmisch abnimmt, ist eine brauchbare Genauigkeit des Verfahrens (± wenige Zentimeter) nur in Oberflächennähe gegeben, also bis in wenige Meter Tiefe. Theoretisch sind Bohrkopfsender bis in 16 m, sogar bis in 30 m Tiefe ortbar. Ihre Lageerfassung ist dann jedoch schwierig bis ungenau (je nach Empfängertyp bis ± 50

Bild 6.3: Walk-Over-Ortung bei einem Mudmotor: Beim Wire-Line-Verfahren sitzt das Ortungssystem hinter der Rotor-Stator-Sequenz, also einige Meter vom Bohrmeißel entfernt

cm bis zu 150 cm). Bei Mudmotoren kommt hinzu, dass Ortungseinrichtungen oft erst mehrere Meter hinter dem Meißelkopf, nach der Rotor-Stator-Sektion platziert werden können.

Für Tiefen unter 20 m und für Bohrstrecken unter großem magnetischen Abschirmungspotenzial (Eisenbahnschienen, Stahlkonstruktionen, Armierstahl) werden daher üblicherweise Wire-Line-Systeme verwendet, die eine Genauigkeit von ± 2,5 % bezogen auf die Tiefe aufweisen können. Abweichungen sind jedoch auch hier bei großen Störkörpern möglich.

6.2 Wire-Line-Verfahren

Bei diesem Verfahren werden die Ortungsdaten per Kabel (meist ein Monodraht) innen im Bohrgestänge zum Bedienpult bzw. zur Empfangs- und Messstation übertragen. Für große Tiefen (keine Tiefenbegrenzung), große Genauigkeiten in

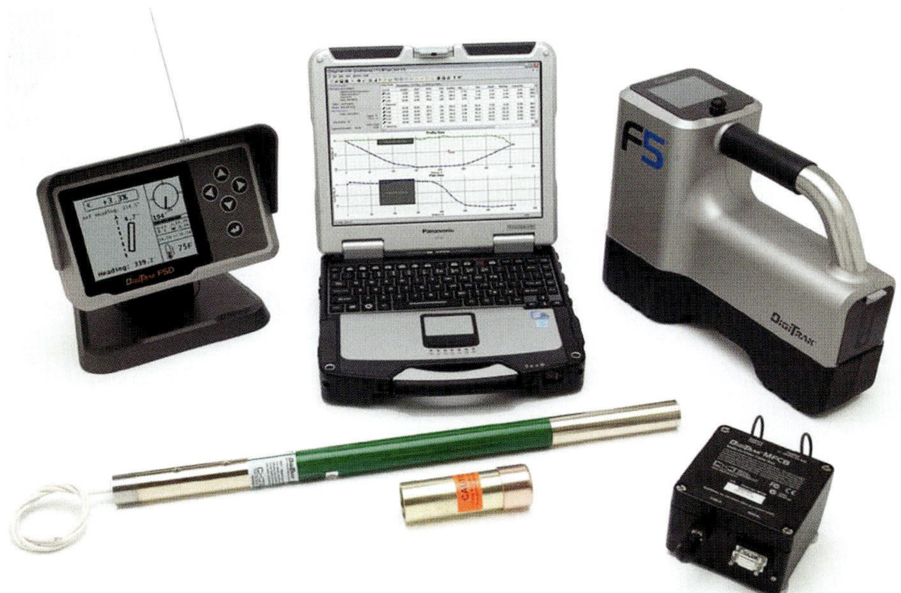

Bild 6.4: Kabelgeführte Sonde (Wire-Line-System) der Fa. Digitrak, Typ F 5

geringeren Tiefen (z. B. zwischen 4 bis 10 m), oder unter abschirmenden oder völlig unzugänglichen Hindernissen wird dieses Verfahren eingesetzt. Jeder zugefügte Bohrstrang muss bei der Pilotbohrung mit einem innenliegenden Kabel verbunden werden, das aufwändig mit dem vorhergehenden Kabelstück verklemmt und schutzisoliert werden muss. Dies ist zeit- und kostenintensiv und selbst bei vormontierten Kabelsegmenten noch kontroll- und aufwandsintensiv. Die Datenübertragung durch das Kabel ist jedoch störunanfällig und übertragungssicher.

Aufgrund dieses Aufwandes neigt man zum Einsatz sehr präziser Ortungssysteme im Bohrkopf selbst, die den Neigungswinkel (Inklination), den Richtungswinkel (Winkel zwischen geografisch Nord und der Bohrlochachse = Azimut) und die Verrollung des Bohrkopfes messen. Häufig erfolgt die Azimut-Messung über Magnetometer, hier muss der Bohrkopf oder zumindest der Platz, in dem sich das Magnetometer befindet (z. B. hinter dem Bohrkopf, im ersten Bohrgestänge) aus antimagnetischem Stahl gefertigt sein, der aber sehr belastungsempfindlich ist.

Als Alternative kann die Azimutmessung über ein inertiales Messsystem (Kreiselkompass, Gyroskop; optischer oder mechanischer Kreisel) erfolgen. Die Inklination kann gravitativ oder durch Beschleunigungssensoren (Accelerometer) gemessen werden. Gleiches gilt für die Verrollung. Diese Messsysteme benötigen außer der Erddrehrate, der Erdschwere und der Gestängelänge keinerlei externe Information.

Da Magnetometer kostengünstiger als Kreisel sind, jedoch auch das natürliche Magnetfeld oft durch metallische Strukturen im Untergrund (natürliche oder künstliche Elektropotentiale sorgen für Interferenzen) oder an der Erdoberfläche (z. B. durch Stromleitungen) gestört ist, werden für HDD-Bohrungen oft künstliche Magnetfelder an der Erdoberfläche oder im Flussgrund durch eine Kabelschleife ausgelegt, die die Interferenzen kompensieren oder durch höheren Energieeintrag selber zur magnetischen Orientierung dienen. Wire-Line-Systeme sind in der Bohrtechnik generell teurer als Sender-Ortungssysteme, da eine Drahtübertragung (wire) im Bohrgestänge bei jedem zusätzlichen Gestängestück (drillrod) eine Drahtverlängerung nötig macht (Klemmverbindung plus isolierende Schrumpfmuffe, deren Aufschrumpfung mindestens 1 bis 2 Minuten dauert). Allein die Pilotbohrung mit einem Wire-Line-System dauert durch die Kabelmontage anderthalb bis doppelt so lang wie eine Walk-Over-Messung. Messungen mit dem Wire-Line-Verfahren werden oft durch externe Experten vorgenommen. Sie sind aufwändig und teuer und nur in unabdingbaren Fällen im Einsatz.

6.3 Ortung mit künstlichen Magnetfeldern

Da das natürliche Erdmagnetfeld oft lokale Störungen durch künstliche Strukturen von Menschenhand, die überlagernd wirken (Stromleitungen, Eisenbahnschienen, Geräte oder Gebäudeelemente aus Stahl, u. a.), aufweisen kann und den Nord-Suchvorgang von Magnetometern stören können, werden für Ortungsaufgaben bei HDD-Bohrungen oft künstliche Magnetfelder ausgelegt.

Solche lokalen künstlichen Magnetfelder, die längs einer geplanten Bohrtrasse das Erdmagnetfeld an Stärke mehrfach übertreffen, werden durch ausgelegte Kabel bzw. Antennenkabel aufgebaut, die mittels eines Generators (Stromgenerator oder Schweißaggregat) mit Gleichstrom von hoher Stromstärke durchflossen werden. Das ausgelegte Stromkabel sollte ein schmales, längliches Rechteck formen, das die geplante Bohrtrasse mittig einschließt. Wichtig für die Ortungsqualität ist, dass die langen Seiten dieses Rechtecks parallel zur geplanten Bohrachse, aber auch zueinander wirklich parallel sind. Das ausgelegte Kabel bildet eine lange, schmale, rechteckförmige Messschleife.

Für Flussdükerungen werden diese isolierten Kabel auch querend im Fluss verlegt, wobei Beschwerungselemente die Kabel vorübergehend am Flussgrund fixieren.

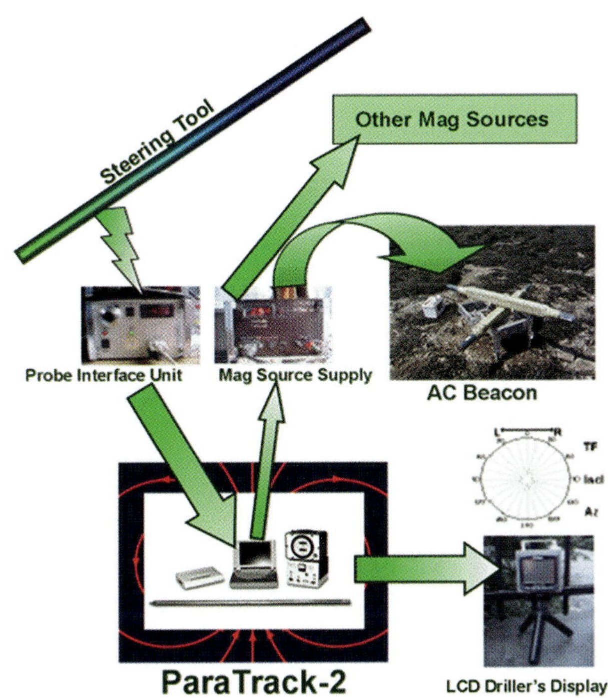

Bild 6.5: Künstliches Magnetfeld – Ortungssystem von Prime Horizontal der Fa. Vector Magnetics (NY)

Der Strom wird zum Einmessen der Sonde zunächst in einer Richtung durchgeleitet und danach in der Gegenrichtung. Dadurch erhält man zwei Werte. Da der Abstand zwischen den Längskabeln und der geodätischen Höhenlage bekannt ist, ist es somit möglich, durch Messung der magnetischen Feldstärke und mittels trigonometrischen Funktionen die Position der Sonde zu bestimmen. Eichungen und Ermittlungen des spezifischen Widerstandes des Bodens bzw. der Leitfähigkeit der anstehenden Schichten sind Voraussetzungen genauer Feldstärkemessungen.

Künstliche Magnetfeldmessungen haben den Vorteil, dass künstliche Signale und Interferenzen durch diese keinen Einfluss haben, d.h. die Messungen sind ortungstechnisch sehr zuverlässig. Ein Nachteil ist dadurch gegeben, dass künstliche Magnetfelder aufgrund von Gelände- oder anthropogenen Hindernissen manchmal gar nicht oder nicht symmetrisch sinnvoll ausgelegt werden können.

Die bekanntesten HDD-Navigationsverfahren mit künstlichen Magnetfeldern sind:

- TruTrack-Methode der Fa. Tensor (Austin; GE-Konzern)
- MagNav-System der Fa. Sperry Sun (Dresser Industries)
- ParaTrack I-Verfahren der Fa. Vector Magnetics (Ithaca, NY)
- ParaTrack II-Verfahren (arbeitet mit Wechselstrom) der Fa. Vector Magnetics.

Beim ParaTrack II-Verfahren ist es zudem möglich, durch Signalgeber, nämlich rotierenden Magneten (sogenannten „Beacons" bzw. unter Wasser „Benchmarks"), die auch ein künstliches Magnetfeld erzeugen, mit einem Bohrstrang auf einen anderen Bohrstrang hin zu bohren, um z. B. ein „crossing in the middle" zu ermöglichen.

6.4 Ortung mit Kreiselsystemen

Statt des üblichen Navigationssystems, bestehend aus mindestens drei Beschleunigungssensoren (Accelerometer) und mindestens drei Magnetfeldsensoren (Magnetometern) sowie Verrollungs- und Neigungssensoren, werden zunehmend auch optische Kreiselsysteme (Faser- oder Laserkreisel) und mittlerweile klein aufbauende, elektronisch angekoppelte, mechanische Präzisionskreisel

(Gyroskope) eingesetzt. Messungen mit Systemen, die auf mechanischen Präzisionskreiseln beruhen, werden – insbesondere bei erforderlicher Kalibrierung vor Ort – oft durch externe Experten vorgenommen und bieten Genauigkeiten von vertikal 0,1° und horizontal 0,3° an.

Systeme mit optischen Kreiseln sind einfach bedienbar, erlauben auch das Bohren komplexer Trajektorien, sind neben dem Einsatz im Bohrkopf auch zur Vermessung von Bohrungen verwendbar und stellen die genauesten Ortungs- und Steuerungssysteme dar, aber zusammen mit den mechanischen Kreiselsystemen sind sie mit Abstand auch die teuersten.

6.5 Ortung mit elektronisch gekoppelten Kreiseln (Gyroskop)

Der Begriff Kreiselkompass (im Englischen „gyro" oder „gyroscope") reicht vom klassischen mechanischen Kreisel bis hin zum komplexesten elektronisch angekoppelten Kreiselinstrument, das höchste Ortungspräzision liefern kann. Jeder Kreiselkompass richtet sich nach der Rotationsachse der Erde aus. Es ist ein nordsuchendes System. Demzufolge liegt auch eine weitestgehende Immunität gegenüber den magnetischen Kraftlinien der Erde vor.

Am bekanntesten sind mechanische Kreisel, rasch rotierende symmetrische Kreisel, die sich in beweglichen Lagern drehen. Solch eine Lagerung kann als kardanische Aufhängung (Rundrahmen) oder als Käfigrahmen realisiert sein. Ein Kreisel besteht aus einer stiftförmigen Achse, um die eine symmetrische scheibenförmige Masse rotiert. Es gibt einachsig, zweiachsig und dreiachsig gelagerte Kreisel. Aufgrund der Erhaltung des Drehimpulses behält der Kreisel seine Orientierung im Raum bei. Die Wirkung eines Kreisels beruht somit auf dem physikalischen Gesetz von der Erhaltung des Drehimpulses. Jeder Kreisel behält seine Richtung in einem Raumbezugssystem bei, solange kein störendes Moment auf ihn einwirkt. Die Änderung dieses Drehimpulses kann somit eine Richtungsänderung, aber auch eine Betragsänderung sein, die gegenüber dem Bezugssystem wahrgenommen wird. Eine Veränderung oder Abweichung wird sofort registriert. Durch sie lässt sich auf eine Richtungsänderung schließen, die in ihrer Lageänderung der technischen Abweichungsregistrierung dient. Wenn eine äußere Kraft die Achsenrichtung eines rotierenden Kreises zu ändern versucht, so folgt die Kreiselachse nicht der Angriffsrichtung dieser Kraft, sondern weicht rechtwinklig zu ihr im Sinne der Kreiseldrehung aus. Diese ausweichende Bewegung der Rotationsachse nennt man Präzession. Sie lässt die Laufachse des Kreisels in Nordrichtung zeigen. Es bewegt sich jedoch der Vektor der Laufachse ellipsenförmig in Nordrichtung. Deshalb muss durch aufwändige Differenzialgleichungen der gesuchte Raumwinkel errechnet werden. Hightech-Kreisel haben elektronische Feinregistrierungen und angekoppelte elektronische Signalpunkte, mit der diese vektoriellen Änderungen in genauere Raumdaten umgerechnet werden.

Mechanische Kreiselsysteme wurden zunächst aufgrund ihrer Aufbaugröße und ihrem Bedarf an umgebenden schock-absorbierenden Dämpfungselementen nur in Tiefbohrungen eingesetzt. Mittlerweile sind diese Kreiselinstrumente deutlich kleiner im Durchmesser geworden. Gleichzeitig wurde die Schockdämpfung gegenüber äußeren Einflüssen noch optimaler.

6.6 Ortung mit Laserkreiseln und Faserkreiseln

Für die militärische Luftfahrt wurden ab den 1970er Jahren Laserkreisel und später Faserkreisel, also optische Kreisel, entwickelt, die unabhängig von Magnetfeldstörungen im dreidimensionalen Raum Positionsmessungen nach dem Sagnac-Prinzip vornehmen können. Beim Faserkreisel werden winzige Laufzeitunterschiede des in zwei Richtungen umlaufenden Lichtes in einer aufgewickelten Glasfaserspule gemessen. Diese Glasfaserspule kann recht lang sein (bis zu mehreren Kilometern), in dichter Wicklung passen sie jedoch in ein handliches Messsystem. Bei dieser Glasfaserspule kommt es beim Umlauf der beiden Lichtwellen je nach absoluter Drehung im Raum zu einer messbaren Phasenverschiebung (bzw. beim Laserkreisel zu einer Differenzfrequenz) bei der Interferenz (Prinzip des Sagnac-Interferometers). Durch diese winzige, aber messbare Phasenverschiebung sind nun Rückschlüsse auf die Winkelgeschwindigkeiten und damit auf die Orientierung und letztlich zusammen mit der Messung der linearen Beschleunigung auf die Position im dreidimensionalen Raum möglich.

Faserkreisel und die verwandten Laserkreisel werden heute generell in der Luftfahrt, in der Schifffahrt und bei Unterwasserfahrzeugen eingesetzt. Faserkreisel nutzen eine externe Strahlungsquelle, z. B. eine Laserdiode, deren Strahl eingekoppelt wird, während beim Laserkreisel die Lichtquelle ein Laser ist. Die größer aufbauenden Laserkreisel sind genauer in ihrer Erfassung, sind daher meist auch in größeren Objekten eingebaut (z. B. in Schiffen). Erschütterungsfrei gelagerte Faserkreisel sind kompakt und können auch in kleinere Objekte eingebaut werden. Optische Kreisel finden in der Bohrtechnik zunehmend Einsatz. Faserkreisel (im Englischen auch Interferometer Fiber-Optic Gyroscope = IFOG genannt) benötigen lediglich eine gebündelte Lichtquelle, die in der Regel auf Stromversorgung basiert. Der Vorteil von diesen optischen Kreiseln im Gegensatz zu den mechanischen Kreiselkompassen beruht

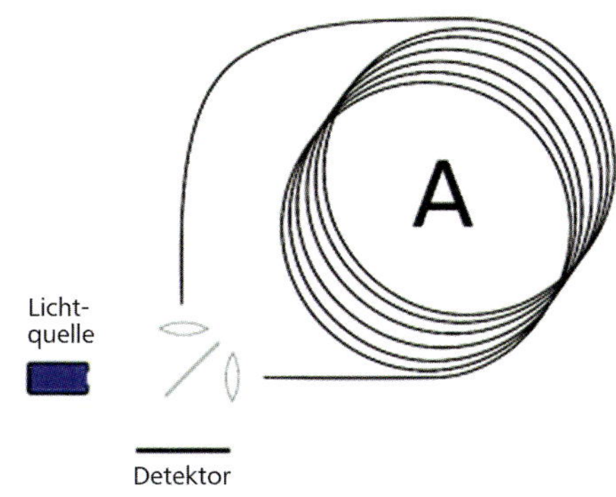

Bild 6.6: Schema der Lichtlaufmessung in einem Faserkreisel (Wikipedia)

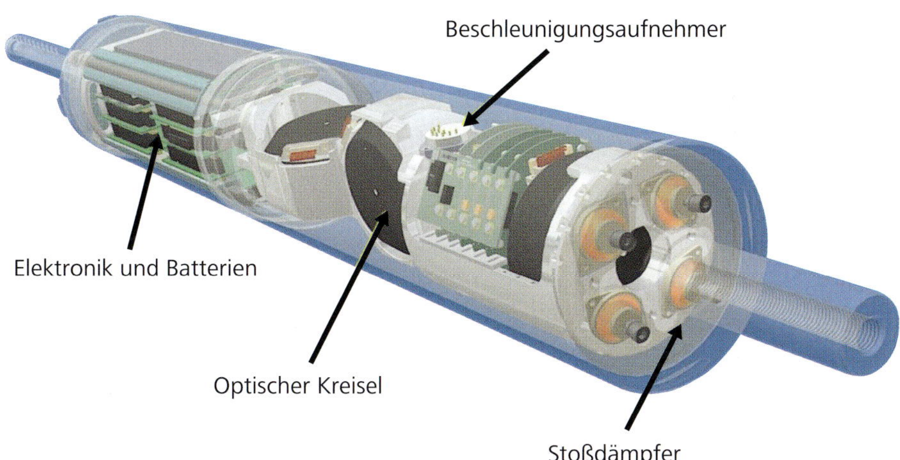

Bild 6.7: Innenaufbau des hochpräzisen Gyro-Systems der Fa. iMAR (St.Ingbert), vertrieben als Drillguide von der Fa. Brownline (NL)

darauf, dass sie keine Anlaufzeit (Hochlaufzeit) benötigen und recht vibrationsunabhängig sind. Sie sind kompakt, sofort messfähig, allerdings zumeist von einer Stromquelle abhängig. In Kombination mit GPS-Systemen werden sie in immer mehr Navigationssystemen zum Einsatz gebracht.

Mit Kreiselinstrumenten können daher heute auch in der HDD-Felsbohrtechnik die genauesten Messungen durchgeführt werden. Die Erfassung der Daten und die dazugehörige Auswertungselektronik ist jedoch so aufwändig, dass sie in der Regel von Ortungs-Fachfirmen als Dienstleistung eingekauft wird. Als Resultat erhalten die Bohrfirmen jedoch eine exzellente Dokumentation und 3D-Vermessung des Bohrungsverlaufs. Man erreicht beispielsweise mit dem in **Bild 6.7** dargestellten System laut Herstellerangaben unabhängig von der Dauer der Bohrung eine typische Genauigkeit von 1 m auf 1 km Länge, wobei die Bohrgenauigkeit durch äußere Einflüsse praktisch nicht beeinflusst wird.[1]

6.7 Bedienpult

Nahezu alle Steuer- und Überwachungsfunktionen am Bohrgerät sollten an einem Hauptbedienpult angezeigt und regelbar sein. Hier sollten auch die Ortungsdaten zugeleitet und überwachbar sein. Ein robuster, jedoch ergonomisch bequemer, voll einstellbarer Bedienersitz mit Joysticks im Handlenkungsbereich sollte eine Maschinenlenkung mit den „Fingerspitzen" ermöglichen. Die gesamten Bedienkomponenten sollten um den Anwendersitz herum in Bohrrichtung orientiert sein.

Sinnvoll sind großdimensionierte Anzeigen, internationale Symbole, bedienerfreundliche Handhabung, stufenlose Einstellungen von Maschinenleistungen und langfristige Zuverlässigkeit. Das Bedienpult sollte mit einem Schnellanschlusskabel abnehmbar und als Fernbedienung nutzbar sein, um z. B. mit Blick in die Startgrube Bedienfunktionen ausführen zu können.

[1] Für die Durchsicht und Korrektur des Textes gilt den Herren Dr. Edgar von Hinüber und Olaf Neuhäuser großer Dank.

7.
Recycling der Bohrspülungen

Viele Bohrverfahren arbeiten mit Bohrspülungsflüssigkeiten, wobei unter diesen Nassbohrverfahren insbesondere die Methoden mit hohem Bohrspülungseinsatz (hohe Pumpleistungen) einen Bedarf an Bohrspülungsrecycling haben. Die Nutzung von Mudmotoren in der Felsbohrtechnik bedingt hohe Bohrspülungsvolumina, um überhaupt den Antrieb dieser Bohrlochmotoren sicherzustellen. Aber auch andere Felsbohrverfahren benötigen zum Nassbohren große Spülungsmengen, z. B. große HDD-Anlagen, Anlagen mit Doppelbohrgestänge sowie Anlagen mit spülungs- und kühlungsbedürftigen Meißeln.

Bohrspülungsprodukte, wie z. B. Bentonit, aber auch Polymere, können bei hohen Bedarfsmengen teuer werden. Bohrspülungsrecycling ist daher ein Gebot der Wirtschaftlichkeit, der Reduzierung des Bohrplatzbedarfs und der Ressourcenschonung. Wirtschaftlichkeitsrechnungen mit verschiedenen Ausgangsparametern kommen nahezu alle zu dem Schluss, dass ab 8 bis 10 m³ Bohrspülungsvolumen am Tag bereits der Einsatz eines Recyclingsystems sinnvoll und kostensparend ist. Recyclingsysteme sorgen auch dafür, dass sich die umlaufenden Bohrspülungsmengen in Grenzen halten und von daher deutlich kleinere Bohrspülungsbecken bzw. -container und geringere Lagermengen an Bohrspülungsprodukten benötigt werden.

Bild 7.1: Bohrspülungsrecycling einer HDD-Großbohrung in Plauen (Vogtland)

Man unterscheidet zwischen überwiegend tonbasierten Bohrspülungen und überwiegend polymerbasierten Bohrspülungen. In der Felsbohrtechnik sind tonbasierte Bohrspülungen bestimmend. Bentonit, ein besonders quellfähiges Tonmineralgemisch, ist der häufigste Grundstoff für Bohrspülungen. Bentonit wird zumeist mit Frischwasser angemischt. Der Bentonitanteil in der Bohrspülung beträgt oft nur wenige Volumenprozent. Nur bei einer besonders dickflüssigen (viskosen) Bohrspülung kann der Anteil 10 % übersteigen. Beim Bohren selbst wird die Bohrspülung mit Bohrklein (gelösten, feinsten Gesteinspartikeln aus dem frisch erbohrten Bohrlochbereich) beladen. Die sich schließlich einstellende Bohrspülung ist eine Mischung aus Wasser, Bohrspülungsgrundstoffen wie Bentonit und den sich beim Bohren hinzufügenden feinsten Feststoffanteilen aus der Gebirgsdurchörterung. Die Eigenschaften einer Bohrspülung haben sehr großen Einfluss auf den Bohrfortschritt selbst, auf die Bohrlochhydraulik, auf die Bohrlochstabilität und gegebenenfalls auf Spülungsverluste in den Poren oder des Kluftraums des Gebirges.

Diese Faktoren bestimmen erheblich die Lebensdauer der Bohrwerkzeuge, der Pumpen und auch des Bohrgestänges. Durch die Zumischung und Einstellung der Bohrsuspension werden beim Bohrvortrieb permanent die Spülungseigenschaften optimiert, so dass der Bohrfortschritt und der möglichst geringe Verschleiß in einem günstigen Verhältnis liegen. Die Bohrspülung muss daher immer wieder überwacht und neu eingestellt werden, wobei insbesondere die störenden Feststoffpartikel in ihrem Anteil permanent reduziert werden sollten. Zunehmende Feststoffgehalte der Bohrsuspension bremsen zunehmend die Bohrleistung aus, d.h. sie verlangsamen die Bohrung, und der Verschleiß an Bohrwerkzeugen und Pumpen wird größer. Eine wesentliche Aufgabe des Recycling ist daher auch die laufende Abtrennung der Feststoffe aus der Bohrsuspension. Durch Herausnehmen der Feststoffe, die von Gesteinspartikeln bis hin zu Cuttings (mehrere Millimeter großen Gesteinsbruchstückchen von der Bohrlochfront) reichen können, erhält die Bohrsuspension ihre positiven Eigenschaften zurück und kann so fortwährend in den Umlauf, d.h. den Bohrspülungskreislauf, geführt werden.

Bohrspülungsrecycling heißt daher vorwiegend Heraustrennen der Feststoffgehalte und Kreislaufführung der positiv wirksamen Bohrsuspensionsstoffe und in geringem Maße Ergänzung mit Suspensionsstoffen, wie z. B. Bentonit.

7.1 Methoden der Feststoffabtrennung

Die Abtrennung der Feststoffe geschieht in günstigster Weise nach Korngrößen. Grobe Anteile aus dem Spülungsrückfluss des Bohrloches werden zuerst über Siebe abgetrennt. Danach kommen dann feinere Abtrennstufen.

7.1.1 Schüttelsiebe

Diese Siebe arbeiten unter permanent schüttelnder Bewegung und weisen auf ihrer Oberfläche ein strukturiertes Relief auf (Wellenstrukturen oder Pyramidenkuppen), in deren Reliefsenken sich das gröbere Korn hineinsenkt und durch die schüttelnden Bewegungen unter spezifisch festgelegten Neigungen nach außen in ein Fangbecken bewegt wird. Sowohl die Geschwindigkeit der Schwingungs-

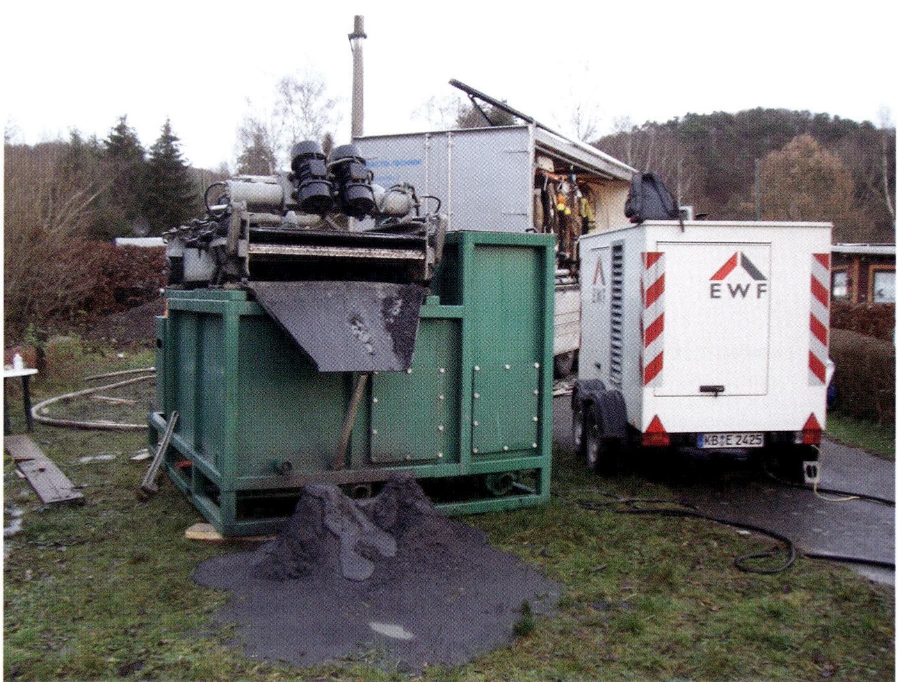

Bild 7.2: Recycler mit Siebsätzen bei der ersten Abtrennung von Feststoffen (HDD-Bohrung unter Eder)

bewegungen als auch die Neigung des Siebes oder der übereinander liegenden Siebsätze können entsprechend der Kornfraktion unterschiedlich gesteuert werden. Diese Schüttelsiebe (Shaker) sind in Form und Größe ihrer quadratischen oder rechteckigen Gitteröffnungen unterschiedlich. Die größte Maschenweite besitzt das oberste Sieb, darunter folgen meist Siebe mit abnehmender Durchlassgröße. Um das Zusetzen dieser Siebe zu vermeiden, werden oft gröbere und feinere Siebstrukturen kombiniert (layered screens). Ein gröberes Stützgewebe unterlagert dabei ein feineres Siebgewebe. Die Schüttelsiebe sind mittlerweile sehr verschleißarm gefertigt (bonded screens). Die Siebe werden nach ihrer Durchlässigkeit klassifiziert und diese ist abhängig von der Konstruktionsart, von der Maschenweite und Drahtdicke. Die Öffnungsweite der Siebe wird durch die Mesh-Zahl (Maschenzahl) definiert. Die Siebe werden mit einer definierten Vorspannung hergestellt, so dass die abzutrennenden Feststoffe leichter zur Abwurfstelle hin ausgetragen werden können.

Da durch den Siebvorgang schon eine wichtige Abtrennungsstufe für den grobkörnigsten und zugleich agressivsten Feststoffanteil vorgegeben ist, müssen diese gut gegen Verschleiß gewappnet und gegen mögliche Verstopfung der Öffnungen ausgelegt werden. Weiterhin sollen sie eine erhebliche Volumenstromrate bewältigen können. Sollte während des Separationsvorganges die Verteilung des Trenngutes oder der Abtrennvorgang selbst nicht optimal sein, so müssen die Siebbelege eventuell ausgetauscht und entsprechend den optimalen Betriebsbedingungen neu angepasst werden. Beim Handling der Siebtrennstufe ist es besonders wichtig, dass die Siebbelege auf dem Shaker sorgfältig verspannt sind, defekte Siebbelege umgehend ausgetauscht oder repariert werden und die Siebe bei Unterbrechung oder Abschaltung mit Wasser gesäubert werden, um Verklebungen oder Verstopfungen zu verhindern. Die Öffnungsweite der Schüttelsiebsätze sollte so fein wie möglich und vertretbar gewählt werden, um spätere, aufwändigere Separationsstufen zu reduzieren. Schüttelsiebe sollten auch nie im trockenen Zustand betätigt werden (ungünstige Belastung). Sie sind auf Nasstrennung ausgelegt. Entscheidend für die Effizienz von Schüttelsieben ist die Einstellung des richtigen Neigungswinkels, die Spülungszuleitung möglichst über die gesamte Siebbreite, die Siebbestückung und die Art der Schwingungen, sowie hier die optimale Einstellung von Frequenz und Amplitude der Schwingung. Der abgetrennte und aufgefangene Feststoff landet in Sandfallen, dies sind Auffangbehälter, deren Inhalt der nächsten Trennstufe zuführt wird.

7.1.2 Desander und Desilter

Diese Trennstufe, die die feineren Sande und einen Teil des Siltkorns (Silt = Korngröße zwischen Feinsand und den größten Tonmineralien) heraustrennen, benötigen gerätetechnisch schon aufwändigere Systeme: Beide Trennstufen arbeiten mit Hydrozyklonen, wobei die Desander den gröberen Kornanteil bis 44 µm und die Desilter den feineren Anteil bis 25 µm aus dem Spülungsumlauf herausseparieren. Die Desander und die Desilter unterscheiden sich in ihrer Bauteilgröße. Desander sind wesentlich größer und haben einen Innendurchmesser zwischen 150 und 305 mm im oberen Zylinderbereich, während die Desilter einen Innendurchmesser zwischen 100 und 127 mm innen im größten Querschnittbereich aufweisen.

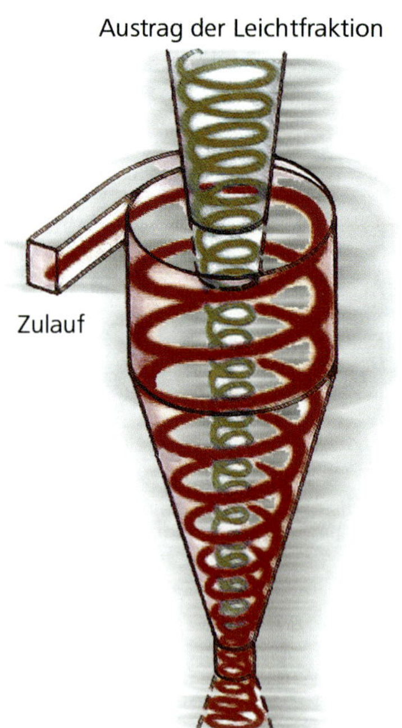

Bild 7.3: Funktionsschema eines Hydrozyklons

Hydrozyklone sehen aus wie oben eingekapselte Trichter, die ein seitliches Einlassrohr für den Spülungsdurchsatz, einen Auslass für Abtrenngut (unten) und ein Ausflussrohr für die separierte Bohrspülung (oben) aufweisen. Sie arbeiten unter Nutzung der Zentrifugalkräfte im Inneren. Die seitlich im oberen Bereich des Trichters tangential rechtwinklig dazu eintreffende Spülflüssigkeit trifft auf die Innenwand des Zyklons und wird durch Zentrifugalkräfte in eine spiralförmige Abwärtsbewegung gezwungen. Im Inneren dieses durch die Fliehkräfte entstehenden Außenwirbels bildet sich ein zentraler Luftkern. Am unteren Ende des Hydrozyklons kommt es zu einer inneren, aufwärts gerichteten Wirbelbewegung (Innenwirbel), die dafür sorgt, dass nun die Spülung mit geringerer Dichte direkt nach oben hin ausgetragen wird. Schwerere Stoffe bzw. gröberkörnige Komponenten rutschen an der Innenwandung des Trichters nach unten zum Auslauf für abgetrennte Stoffe. Ein schmal-

Bild 7.4: Hydrozyklonen einer Recycling-Anlage für eine 450t-Prime Drilling-Bohranlage im Baustelleneinsatz in Kalabrien (Süd-Italien)

kegelförmiger sprühender Auslauf des Abtrenngutes stellt sich bei einem ausbalancierten Zustand des Trendvorganges ein, während ein gleichförmiger Auslauf für eine Verstopfung am unteren Ende spricht. Durch eine größere Auslaufdüse oder eine Reduzierung des Feststoffeintrages lässt sich wieder ein optimalerer Wirkungsverlauf einstellen. Auch durch erhöhte Wasserzugabe lässt sich eine Feststoffüberfrachtung ausgleichen. Die Gesamtspülungsmenge bestimmt die Anzahl der Hydrozyklone, die im Ring oder in Reihen angeordnet werden können. Bei den großen Desandern (12 Zoll) liegt die Durchsatzkapazität bei etwa 1.900 L/min, bei den naturgemäß kleineren Desiltern (4 Zoll) nur bei 190 L/min.

Die Beaufschlagung der Hydrozyklone geschieht überwiegend mit Kreiselpumpen. Diese Kreiselpumpen verfügen aufgrund der aggressiven Stoffe in der Bohrspülung über gehärtete Laufräder. Die Hydrozyklone sollten durch die Kreiselpumpen gleichmäßig beschickt werden, was mit konstanter Drehzahl, einem vorgegebenen Rotordurchmesser und einer konstanten Förderhöhe zu bewältigen ist. Die Desander sind meist auf einen Arbeitsdruck von 1,5 bar ausgelegt, während die kleineren Desilter mit einem höheren Druck zwischen 2,3 und 4,2 bar gefahren werden sollten. Die Bemessung und die Einstellung der Hydrozyklone erfolgt mit Wasser, die Überprüfung des Vordruckes ist wichtig für die Anpassung der Förderhöhe und die Einstellung der Pumpleistung. Desander und Desilter sorgen dafür, dass nach Abtrennung der feinen Feststoffe, die Bohrspülung normalerweise wieder eine verwendungsfähige Konsistenz hat.

7.1.3 Zentrifugen

Zur Abtrennung von Feststoffen unter 25 µm werden Zentrifugen verwendet, allerdings ist der betriebliche Einsatz von Zentrifugen aufwändig und teuer. Sie werden daher im Bohrspülungsrecycling recht selten und nur aufgrund von besonderen geotechnischen oder bohrtechnischen Rahmenbedingungen eingesetzt. Die Zentrifugen für das Spülungsrecycling bestehen im Wesentlichen aus einem Schneckenlauf mit einem geraden und einem konischen Abschnitt. Diese Förderschnecke wird mit der verbliebenen Bohrspülung beschickt und innerhalb ihres Kapselgehäuses (Vollmanteltrommel) in hohe Rotation versetzt. Dadurch entstehen hohe zentrifugale Beschleunigungen (bis maximal 4.000 g), die eine separative Ablagerung der gröbsten Partikel dieser an sich schon feinen Stoffe nach außen an den Rand der Trommel bewirken. Durch die Schnecke selbst werden die Feststoffe zum konischen Zulauf der Wendel transportiert, wo sie über einen Auslass als eingedickter Schlamm austreten. Der Dickschlamm wird aufgefangen, während der flüssige Teil als aufbereitete Spülung wieder den Bohrarbeiten zur Verfügung steht.

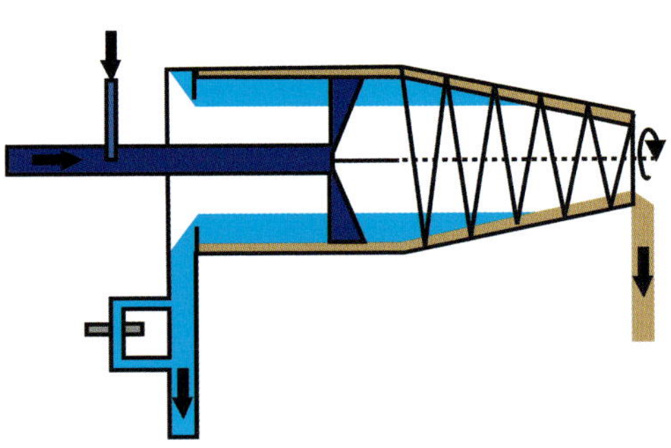

Bild 7.5: Funktionschema einer Zentrifuge im Spülungsrecycling

Durch die Recyclingstechnik lassen sich Bohrspülungen für sehr viele Umläufe wieder und wieder verwenden, so dass 20, 30 und mehr Spülungsdurchläufe pro Tag möglich sind. Dies spart Spülungsrohstoffe, Entsorgungskosten sowie Betriebskosten trotz der aufwändigen Recyclingtechnik.

8.
Besonderheiten bei horizontalen und schrägen Felsbohrungen

Der Prozess des Hartgesteinsbohrens ist vielschichtig und hängt nicht nur von der Gesteinshärte ab. Faktoren wie die natürlichen Trennflächen im Gestein (Klüfte, Verwerfungen, Grenzflächen, Spaltflächen), unterschiedliche Härten und Eigenschaften von Mineralien innerhalb eines Gesteines, des Bindemittels der Mineralien im Gesteinsverbund (sog. Matrix) und seine Bindekraft, die Verwitterungswirkung auf das Gestein, die Gleichwertigkeit oder Unregelmäßigkeit des Gesteinsaufbaus und andere Faktoren bestimmen sehr stark die bohrtechnische Lösbarkeit von Festgesteinen. Die Abtragungswirkung durch Schneiden, Zähne oder Warzen des Bohrwerkzeuges nutzt die Zerstörung des schwächsten Minerals innerhalb des Mineralgefüges, welches das Gestein in seinem Gesamtgefüge aufbaut.

Das schwächste Mineral aus dem Gefüge wird gespalten, zerdrückt, zerkleinert, und die nächst härteren Mineralien brechen dadurch aus dem Gefüge und werden an ihresgleichen, an den härteren Mineralrelikten und an den Schneiden und Zähnen des Werkzeuges zermahlen. Aufbrechen und Zerstören des Gesteinsgefüges an der schwächsten Mineralstelle ist der Weg des erfolgreichen Eindringens ins Festgestein; Herausbrechen, Aufspalten und das Aneinanderzerreiben ist der Zerkleinerungsweg für die härteren Komponenten im Gestein.

8.1 Unterschiedliche Schwierigkeitsgrade im Fels

Neben den schon erwähnten Schwierigkeitsklassen für einzelne Gesteinsarten muss beim Bohren immer die Gesamtstrecke in ihrem geologischen und petrografischen Verbund betrachtet werden. Eine Bohrstrecke muss des Öfteren wechselnde Gesteinssorten durchfahren, die ein unterschiedliches bohrtechnisches Reagieren erfordern. Je gleichbleibender die Gesteinsverhältnisse sind, desto kalkulierbarer wird die Bohrung.

Bohrstrecken, die nur eine einzige Gesteinsart durchfahren, jedoch darin Klüfte, Spalten, Lösungshohlräume, also Durchrutschungszonen mit Spülungsverlust aufweisen, stellen schon eine Erschwernis dar, ebenso Gesteine mit sehr vielen Trennflächen, die zum Teil eng gebündelt auftreten und dadurch das Gestein zonenhaft weich machen. Bohrstrecken, die im Wesentlichen aus einer Gesteinsart bestehen, darin jedoch kleine natürliche Einlagerungen, wie z.B. Feuersteinknollen im Kalk oder Quarzgang-Durchaderungen im Schiefer ausweisen, bedingen durch ihren kleinen Anteil an harten Elementen schon eine bohrtechnische Ausrichtung an den „Verschleißbringern" am Bohrkopf. Die Bohrkopfauswahl kann sich nicht mehr am gut schneidbaren Hauptanteil des Gesteins ausrichten, sondern muss auch gegen die harten, verschleißbringenden „Störkörper" gewappnet sein.

Bei engen Gesteinswechseln innerhalb einer Bohrstrecke zwischen mittelweich zu mittelharten Gesteinsbänken, z. B. bei Kalk-Mergel-Wechselfolgen oder z. B. Schiefer-Sandstein-Wechselfolgen (z. B. Grauwacke), muss die Bohrkrone nach den härteren Gesteinslagen orientiert werden, auch wenn in den weicheren Folgen dazwischen ein Ankleben und Anhaften des weicheren Materials zwischen den Bohrzähnen bzw. Warzenstiften erfolgen wird. Die nächste härtere Gesteinslage sorgt wieder für ein Freiräumen der Senken zwischen den Bohrbits und die harten Lagen können leistungsfähig geschnitten werden.

Schwieriger sind einzelne große Hartfelsvorkommen, z. B. einzelne dicke quarzitische Sandsteinzonen oder Anreicherungen von Findlingen aus kristallinen Gesteinen wie Graniten und Gneisen innerhalb von weicheren bis mittelharten Gesteinsfolgen. Ideal wäre hier das Bohren mit zwei verschiedenen Bohrkronentypen, z. B. zunächst einem Zahnrollenmeißel, dann einem Bohrgestängerückzug

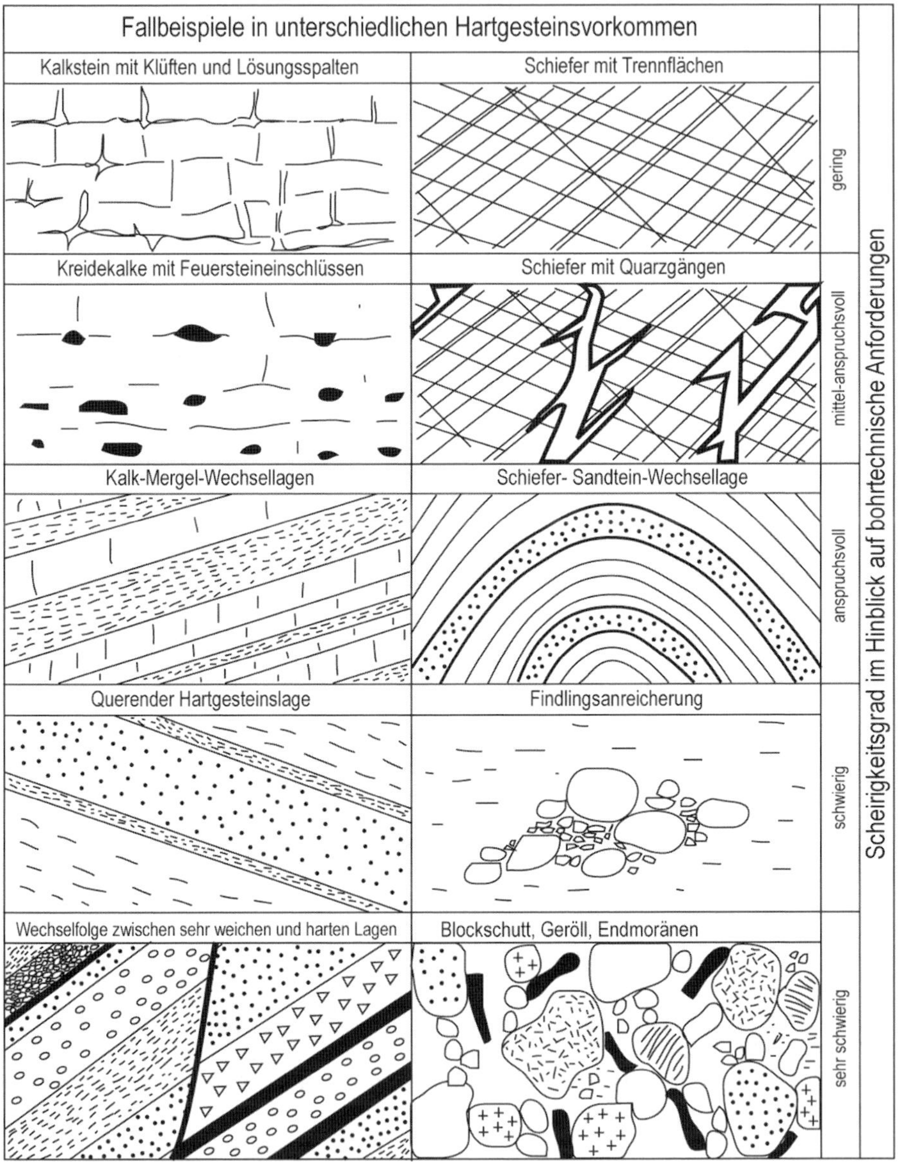

Bild 8.1: Übersicht mit häufigen Erschwernissituationen beim Felsbohren

vor dem Hartmaterial und Wechsel auf einen Warzenrollenmeißel und danach wiederum Rückzug und Wechsel auf den zuvor genutzten Zahnrollenmeißel. Jeder Meißel würde in seinem Abschnitt optimal und mit sehr guter Bohrgeschwindigkeit schneiden. Zweimal Rückzug und Bohrmeißelwechsel ist jedoch unwirtschaftlich, man wird einen Warzenrollenmeißel mit möglichst breitständigen und hohen konischen Bits wählen (Kompromiss zwischen hoher Härte und weitständigen Räumfurchen).

Bei vielfachen extremen Wechseln zwischen hart und weich innerhalb der Bohrstrecke bestehen die größten Herausforderungen an das Know-how der Bohrmannschaft als auch an die Qualität des Bohrwerkzeuges. Solche extremen Wechsel können innerhalb einer schräg oder horizontal zu durchbohrenden Wechselfolge (z. B. Kieselschiefer-, Tonstein-, Grauwacken-Wechselfolge) oder im Blockmaterial oder Blockhalden von Bergstürzen, Hangrutschungen, End- und Zwischenmoränenablagerungen vorliegen. Sowohl die Bohrkrone oder der Bohrkopf eines ACS-Systems als auch der Lagerstuhl eines Mudmotors erfahren hierbei extreme Belastungen. Die Bohrkrone kann nur auf die härtesten Anteile ausgerichtet werden und beim Vorwärtsfahren des Mudmotors sollte umsichtig im Vorschub gefahren werden, damit starke Schläge und Stöße am Bohrkopf an den Weich-Hart-Wechselkanten vermieden werden. Vorsichtiges Bohren in extremen Verhältnissen erfordert Geduld und Können, dadurch sind optimale und gleichmäßige Bohrlöcher erreichbar.

8.2 Hohlräume in Karstgebieten

Felsbohren in Gesteinen wie Kalk, Dolomit, Gips oder anderen Karbonat- oder Sulfatgesteinen bedeutet immer, auch Lösungshohlräume im Gestein antreffen zu können. Plötzlicher Druckabfall, völliger Spülungsverlust, „Durchrutschen" des Bohrgestänges können primäre Ereignisse sein, auf die bohrtechnisch sofort reagiert werden muss. Verschmutzung von benachbarten Quellen, Veränderung unterirdischer Wasserwegsamkeiten oder die Flutung anderer Hohlräume können damit einhergehende, teure Ereignisse sein, die die Bohraufgabe in eine Ablaufänderung und zahlreiche Zusatzmaßnahmen bringen können. Die Erkundung solcher Hohlräume durch geophysikalische Verfahren durch den Bauauftraggeber ist hier ebenso sinnvoll wie in Gebieten mit künstlichen Hohlräumen. Bohrunternehmen sollten in solchen Gebieten eine „Safety-Box" dabei haben, mit der sofortige Maßnahmen möglich sind (z. B. Packer, Stopfmittel). Die großen Kalkregionen der Schwäbischen und Fränkischen Alb haben ein Hohlraumvolumen von mindestens 3,5 %, die mögliche „Trefferquote" sollte beachtet werden.

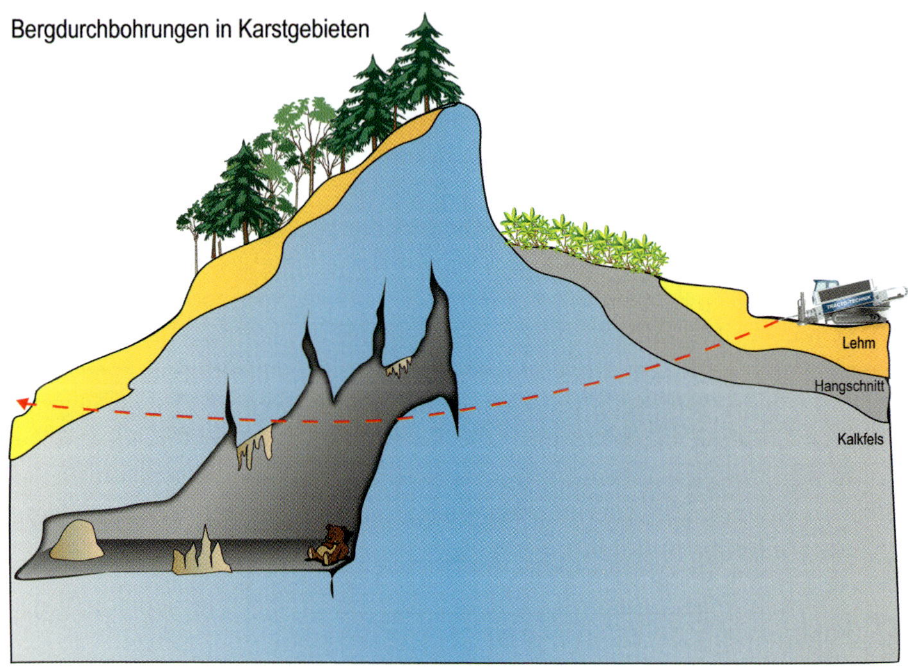

Bild 8.2: Beispiel für einen nicht auszuschließenden „Hohlraumtreffer" in einem Karstgebiet

9.
Baustellenberichte und Anwendungssituationen

Die nachfolgenden Kurzberichte von Felsbohr-Baustellen zeigen sehr unterschiedliche Anwendungssituationen, wobei von der Geologie, von den äußeren Rahmenbedingungen, von der Bohraufgabe erhebliche andere Ausgangslagen bestehen, die jedoch oft mit gleicher oder ähnlicher Maschinentechnik und mit gleichen oder ähnlichen Bohrwerkzeugen gelöst wurden. Großer Dank gilt den Kundenfirmen der Fa. Tracto-Technik GmbH & Co KG, die über ihre Baustellen Berichte zuließen und bei der Dokumentation gute Unterstützung geleistet haben. Erheblicher Dank gilt auch den Kollegen Günter Naujoks, Jochen Schmidt, René Schrinner, Walter Schad, Udo Harer, Barry Powell, Uwe Zimmermann und Frau Carola Schmidt für ihre Textbeiträge zu den nachfolgenden Kurzberichten.

9.1 Steilhangbohrung unter dem Bannwald am Albtrauf

- Region: Baden-Württemberg, Schwäbische Alb, Zollernalb (Zollerberg, Raichberg)
- Gestein: Weißer Jura: Bankkalke, Massenkalke, Mergellagen
- Gesteinsdruckfestigkeit: In den Massenkalken bis 220 MPa
- Bohrungslänge: 2 × ca. 500 m
- Enddurchmesser Bohrloch: 24“ (über 600 mm)
- Verlegeprodukt(e): Schutzrohr PE-HD d_a 450, Kunststoff-ummanteltes Pipelinestahlrohr d_a 273 mm
- Verwendeter HDD-Gerätetyp: Grundodrill 20 S, Prime Drilling PD 80/33Z, 3 ¾"-Mudmotor
- Verwendete HDD-Bohrwerkzeuge: 10", 18", 24"-Hole Opener

9.1.1 Bohrbericht: Steilhangbohrung am Raichberg in der Zollernalb

Die Baustelle liegt nur wenige Kilometer vom Stammschloss der Hohenzollern entfernt, bei Hechingen (Landkreis Balingen) im Südwesten der Schwäbischen Alb. Dieses sogenannte Zollernalb-Gebiet zeichnet sich durch mehrere Besonderheiten aus: Die sogenannte Traufkante der Schwäbischen Alb (Albtrauf) ist die steile Abbruchkante dieses Tafelgebirges, die auch oft als Felskante zu erkennen ist. Sie liegt 400 bis 450 m höher als das Vorland der Alb. Die Steigung der Traufkante beträgt bis zu 55 %. Der Albtrauf selbst wird meist von Wald eingenommen und dieser Wald hat Bannwaldfunktion. Er steht unter besonderem Schutz, weil er die hohe Bergkante vor Rutschungen und Erosion schützen muss.

Die Zollernalbregion ist zudem Erdbebengebiet. Das letzte deutlich vernehmbare Erdbeben war 2003, das letzte Erdbeben mit vielfachen Gebäudeschäden fand am 3.9.1978 hier statt.

Die Lage der Bohrtrasse liegt direkt unter der Gebirgskante der Schwäbischen Alb, also unter dem Steilhang des Albtraufes, unter dem Bannwald, mitten im immer wieder von Erdbeben erschütterten Zollerngrabengebiet.

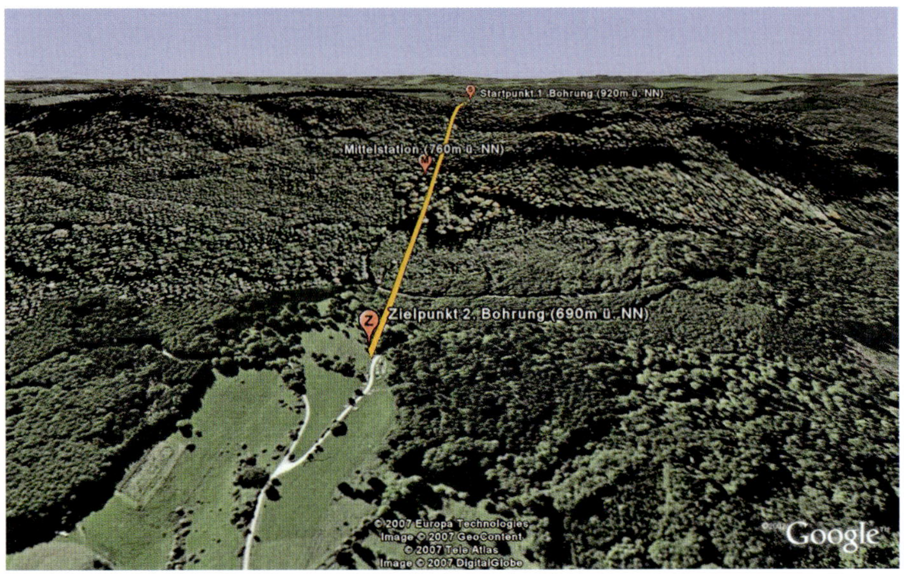

Bild 9.1: Schrägansicht der Bohrstrecke bei Hechingen-Boll (Quelle: Google Earth)

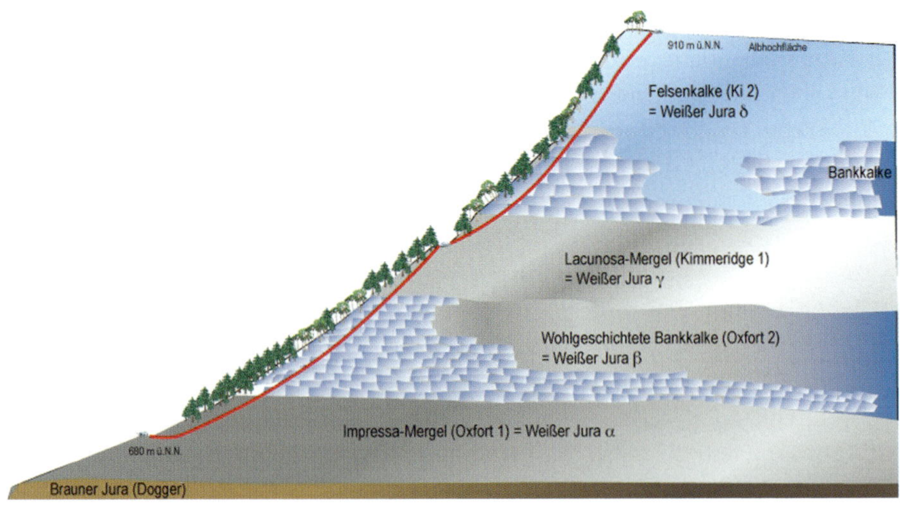

Bild 9.2: Geologische Untergrundsituation im Trassenbereich am Raichberg

Die Bauaufgabe bestand in der Verlegung einer 5 km langen Erdgasleitung für die Albstadtwerke, wovon 1.000 m unter dem Steilhang des Albtraufes zu verlegen waren. Im Sommer 2007 wurde die Kunststoff-ummantelte Stahlpipeline d_a 273 auf 4 km Länge im Albvorland und auf der Albhochfläche offen verlegt, während unter dem Steilhang (230 m Höhenunterschied bei bis zu 40 % Gefälle) die Verlegung in Form von zwei HDD-Bohrungen zu etwa jeweils 500 m Länge erbracht wurde. Eine mittlere Baugrube an einem Waldweg am Steilhang war gestattet worden. Innerhalb der Steilhangstrecke sollte die Erdgaspipeline zudem in ein d_a 450-Schutzrohr aus Polyethylen verlegt werden, d. h. es mussten Bohrlöcher von über 600 mm Durchmesser (24") erzeugt werden.

Bild 9.3: Typischer Bannwaldausschnitt über der HDD-Bohrung im Zollernalb-Gebiet

Für die Bohrtechnik dieser sehr anspruchsvollen Steilhangbohrung waren zwei Bohranlagen von sehr unterschiedlicher Größe im Einsatz:

Zum einen eine Grundodrill 20 S-Bohranlage von Tracto-Technik (20 t Vor- und Rückschubkraft) für die Pilotbohrungen und zum anderen eine Prime Drilling 80-t-Bohranlage für die Aufweitungen und den Rohreinzug im Fels. Die Pilotbohrungen erfolgten mit der Grundodrill 20 S mit Mudmotoren im z. T. 220 MPa

Bild 9.4: Bohrstartpunkt für die erste Pilotbohrung auf der Albhochfläche

▲ **Bild 9.5:** Der einzige Eingriff im Wald war eine Zwischengrube zwischen zwei 500 m langen Bohrungen. Links die 20-t-Grundodrill-Bohranlage bei einer der beiden Pilotbohrungen

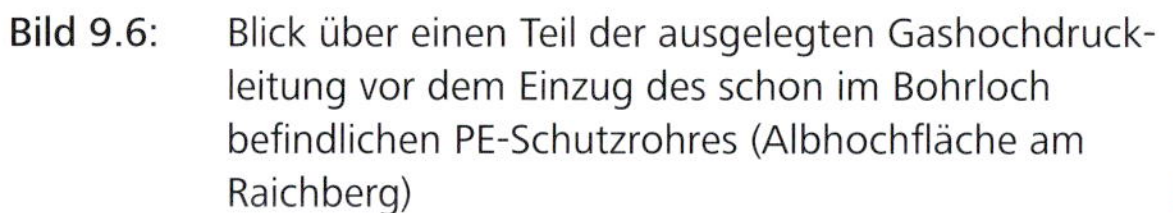

Bild 9.6: Blick über einen Teil der ausgelegten Gashochdruckleitung vor dem Einzug des schon im Bohrloch befindlichen PE-Schutzrohres (Albhochfläche am Raichberg) ▶

harten Gestein des Weißen Juras. Die Aufweitungen wurden mit der Prime Drilling-Anlage in jeweils drei Aufweitstufen (12", 20" und 24") mit speziellen Hole Openern vorgenommen, wobei z. T. die 20-t- und die 80-t-Bohranlage zeitweise Rücken an Rücken standen. Nach dem letzten Aufweitgang erfolgte nochmals ein Räumgang, bevor das 450er-PE-Schutzrohr ins Bohrloch eingebracht wurde.

Die gesamte Bohrmaßnahme wurde innerhalb weniger Monate im Sommer 2007 von der sehr erfahrenen Bohrfirma Max Wild GmbH aus Berkheim erstellt, und dies zur besten Zufriedenheit des Auftraggebers, des Generalbauunternehmers, des privaten Waldbesitzers und der Naturschutzbehörden.

(Bericht: H.-J. Bayer und S. Bunger (Fa. Max Wild GmbH), Fotos und Grafikvorlage: H.-J. Bayer, Grafik: Y. Hennecke)

9.2 Autobahnunterbohrung der A45 bei Münzenberg

- Region: Hessen, nördliche Wetterau, Münzenberg
- Gestein: Decklehm und darunter Basalt
- Gesteinsdruckfestigkeit: im Basalt vereinzelt mehr als 400 MPa!
- Bohrungslänge: 138 m
- Enddurchmesser Bohrloch: 12"
- Verlegeprodukt(e): Schutzrohr DN 225 zur Aufnahme einer Trinkwasserleitung
- Verwendeter HDD-Gerätetyp: Grundodrill 15 N mit 2 7/8"-Grundorock-Mudmotor
- Verwendete HDD-Bohrwerkzeuge: 8"-, 12"-Hole Opener

9.2.1 Autobahnunterbohrung in Tieflage in der nördlichen Wetterau

Eine sehr anspruchsvolle Bauaufgabe hat die Fa. NWR Bohrtechnik GmbH aus Oelsnitz im Erzgebirge in der nördlichen Wetterau in Mittelhessen vorgenommen. Es galt die Bundesautobahn A 45 in Tieflage, d. h. in einem vorhandenen Geländeeinschnitt für einen Düker bohrtechnisch zu unterqueren.

Eine neue Trinkwasserleitung (PE-HD d_a 125 mm) sollte den Hauptort Münzenberg mit seinem durch die Autobahn abgetrennten Stadtteil Trais verbinden. Die

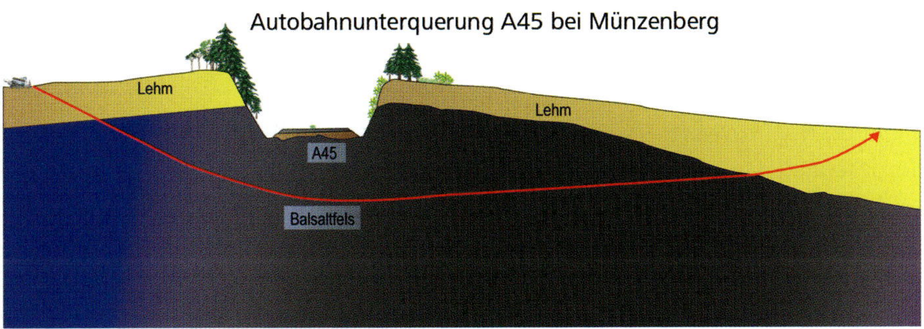

Bild 9.7: Geologischer Querschnitt der Bohrtrasse unter der BAB 45

Bild 9.8: Die Stadt Münzenberg mit ihrer weithin sichtbaren Burg

Autobahn ist mehrere Meter tief in der sanften Wetteraulandschaft eingeschnitten. Die Überlegungen der Stadtverwaltung Münzenberg für die neue Trinkwasserverbindungsleitung galten erst unterirdischen Vortriebsverfahren in bergmännischer Weise. Das baubetreuende Ingenieurbüro Ohlsen aus Grünberg schlug alternativ die verlaufsgesteuerte Horizontalbohrtechnik (HDD-Verfahren) vor, um sowohl kostenseitig als von der Bauzeit günstiger zu fahren. Die Stadtverwaltung der historisch bedeutsamen Stadt Münzenberg mit seiner markanten und weithin sichtbaren Burg mit zwei Bergfrieden griff diesen Vorschlag gerne auf.

Die geologischen Verhältnisse in Münzenberg sind im Untergrund als äußert hart zu betrachten. Die große Burg Münzenberg (erbaut 1170–1190) liegt auf einer basalt-vulkanischen Erhebung und das ganze Umland ist von Basalt (Druckfestigkeit z. T. mehr als 400 MPa), bedeckt mit einer fruchtbaren „Lehmhaut", geprägt. Bohrtechnisch ist dieses sehr harte Gestein eine ganz besondere Herausforderung.

Auch unter der Autobahn liegt massiver Basalt vor, der hier aufgrund des Einschnittes kaum noch eine Lehmdecke aufweist. Die 138 m lange Dükerbohrung zur Aufnahme der Trinkwasserleitung in einem Schutzrohr sollte mindestens 5 m unter der A 45 verlaufen, tatsächlich wurde sie sogar noch tiefer durchgeführt. Daraus ergab sich auch, dass der längste Abschnitt der Bohrung im sehr harten

Basaltfels stattfinden musste. Der Übergang vom milden Lehm, unterschiedlich bis in 2 und 5 m Tiefe reichend, zum harten Basalt ist relativ abrupt, da Basalt an seiner Oberfläche zwar aufklüftet, aber keine sonst übliche Verwitterungszone aufweist. Dieser Basalt, in Steinbrüchen schon als „Brecher der (Backen-)Brecher" gefürchtet, verlangt zur Durchbohrung spezielle Technik und ein sehr erfahrenes Bohrteam. Seit 16 Jahren sind die Teammitglieder der Fa. NWR in der HDD-Technologie zuhause, mit ihrer neuen Grundodrill 15 N-Anlage und einem 2 7/8"-Grundorock-Mudmotor von Tracto-Technik haben sie in Münzenberg selbst härtesten Basalt bohrtechnisch gemeistert.

Die Bohrlochaufweitungen erfolgten danach zunächst mit einem 8" und danach mit einem 12"-Hole Opener. Anschließend erfolgte der Einzug des Schutzrohres (DN 225). Die gesamten Arbeiten wurden innerhalb von neun Arbeitstagen abgeschlossen. Im Rahmen einer Baustellenbegehung haben sich sowohl der Bürgermeister als auch viele Gemeinderäte von Münzenberg von der HDD-Mud-

Bild 9.9: Grundorock-Mudmotor nach dem Einsatz im Basaltfels unter der Autobahn

Bild 9.10 und 9.11: Baustellenplatz vor der Startgrube mit Bohranlage Grundodrill 15 N, Versorgungseinheit (Lkw) und Recycling-Anlage

motor-Technologie, dem Knowhow und der Leistungsfähigkeit der Bohrfirma und von der hervorragende Qualität der Bohrtechnik überzeugen können.

(Bericht, Grafikvorlage und Fotos: H.-J. Bayer, Grafik: Y. Hennecke)

9.3. Moselunterdükerung bei Bernkastel-Kues

- Region: Rheinisches Schiefergebirge, Moseltal, Bernkastel-Kues
- Gestein: Schieferfels, vereinzelt von Quarzgängen durchzogen
- Gesteinsdruckfestigkeit: im Schiefer um 100 MPa, in den Quarzgängen bis 350 MPa
- Bohrungslänge: 276 m
- Enddurchmesser Bohrloch: 10" (250 mm)
- Verlegeprodukt(e): PE-HD d_a 180 mm für Trinkwasser
- Verwendeter HDD-Gerätetyp: Grundodrill 20 S mit 3 ¾"-Grundorock-Mudmotor
- Verwendete HDD-Bohrwerkzeuge: Endaufweitung mit 10"- Hole Opener

9.3.1 Unterbohrung eines Schifffahrtsweges und eines Weinberges

Die grabenlose Herstellung eines Dükers unter der Mosel ist wegen der wechselhaften Felsverhältnisse an für sich schon eine besondere Herausforderung. Doch bei dieser Maßnahme kamen weitere Erschwernisse hinzu.

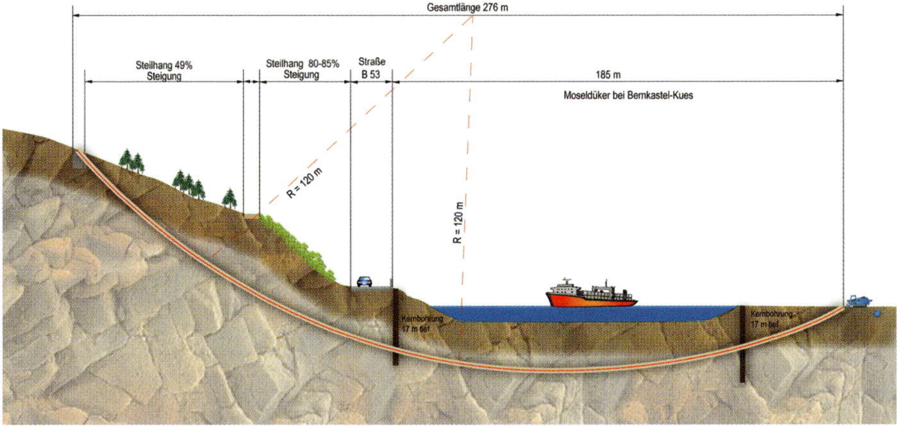

Bild 9.12: Profil der Moselunterbohrung bei Bernkastel-Kues

Bild 9.13: Blick auf die Bohrtrasse vom Gegenhang

So forderte das Verbandsgemeindewerk Bernkastel-Kues in der Ausschreibung, dass die Felsbohrung unter der Mosel bis hoch in einen Steilhang auf ursprünglich 240 m Länge jedoch infolge von Zerrüttungszonen im Fels hangseitig um 36 m auf insgesamt 276 m verlängert werden musste. Der so bis in den Steilhang verlängerte Moseldüker ist erforderlich, weil Grabungsarbeiten im Bereich des Steilhangs mit bis zu 85 % Steigung sowie unter der unmittelbar angrenzenden Bundesstraße nicht durchgeführt werden konnten.

Zweck der Bohrung war die Neuverlegung einer Trinkwasser-Transportleitung STC TW PE 180 × 24,9 mm (Hersteller: Simona) für die Versorgung der hoch über der Mosel liegenden Jugendherberge Burg Landshut.

Anhand der rechts und links am Moselufer niedergebrachten Kernbohrungen bis 17 m Tiefe wurde ein geologisches Profil erstellt. Danach war mit recht unterschiedlich hartem Schieferfels, vom stark verwitterten bis zum kompakten Schiefer und mit harten querenden Quarzgängen, zu rechnen.

Zum Einsatz kam die Grundodrill-Bohranlage 20 S mit dem 3 ¾" Grundorock Felsbohrlochmotor. Vor Bohrbeginn wurde die Bohranlage mit Hilfe von Fluchtstäben auf das Ziel ausgerichtet.

Nach Querung der Mosel in einer Tiefe von 17 m unter dem Wasserspiegel bzw. 13 m unter der Flusssohle erfolgte nach 185 m Bohrstrecke mit einem Bohrradius von 120 m der Übergang in die Auffahrung der Steilstrecke am gegenüberliegenden Ufer. Drei Arbeitstage dauerte die Pilotbohrung. Der Verlauf der Bohrtrasse wurde mit einem kabelgeführten Ortungssystem überwacht.

Bild 9.14: Blick auf die Bohrtrasse vom Standort der HDD-Anlage aus

Für die Aufweitbohrung mit einem 10"-Hole Opener (250 mm) wurden zwei weitere Arbeitstage benötigt. Mit einem gleich großen Backreamer erfolgte anschließend die Nachräumung und Glättung des Bohrlochs. Bohrspülung und anfallendes Bohrklein wurden in der Zielgrube im Steilhang erfasst, in Container abgepumpt und zur Recyclinganlage auf die Bohrseite gefahren.

Während der Bohrarbeiten war das Schweißteam damit beschäftigt, die 12 m langen Rohre zu einem Rohrstrang zusammenzuschweißen. Die bergseits engen Verhältnisse erschwerten die Einzugsvorbereitungen bei der Positionierung des Rohrstrangs. Um die Zugkräfte zu reduzieren, wurde zusätzlich mit einem Bagger das Rohr in eine günstige Einzugsposition gehalten. Die Zugkräfte wurden mit dem Zugkraftmessgerät Grundolog III permanent überwacht. Der Rohreinzug dauerte nur vier Stunden.

Die neuverlegte Leitung wurde über eine Anschlussleitung GGG ZM DN 150 an die ca.10 m hinter der Einstichgrube verlaufende Transporthauptleitung GGG DN 200 angeschlossen. Auf der gegenüberliegenden Seite wurde vom Anschlussschacht am Zielpunkt die Trinkwasserleitung als GGG DN 150 in offener Bauweise bis zur Jugendherberge weiter verlegt.

(Bericht und Fotos: G. Naujoks; Grafik und Fototexte: G. Naujoks und Y. Hennecke)

9.4 Durch den Massenkalk an der Zwiefaltener Ach

- Region: Baden-Württemberg, Schwäbische Alb, Raum Zwiefalten, Wimsen
- Gestein: Weißer Jura, Massenkalk
- Gesteinsdruckfestigkeit: bis 220 MPa
- Bohrungslänge: 90 m
- Enddurchmesser Bohrloch: 4 ½"
- Verlegeprodukt(e): PE-HE-Abwasserdruckleitung
- Verwendeter HDD-Gerätetyp: Grundodrill 20 S
- Verwendete HDD-Bohrwerkzeuge: 3 ¾"- Grundorock-Mudmotor mit 4 ½"-Rollenmeißel

9.4.1 Abkürzung durch einen Felsrücken

In der Schwäbischen Alb, in einem Seitental zur Donau, entspringt die Zwiefaltener Ach in einer hochinteressanten Quellhöhle. Diese Quellhöhle, die Wimsener Höhle (auch Friedrichshöhle genannt), ist die einzige Tropfsteinhöhle Deutschlands, die mit einem Besucherboot befahren werden kann. Entsprechend hoch ist

Bild 9.15: Schematisches Vertikalprofil der Bohrstrecke

Bild 9.16 und 9.17: Grundodrill 20 S am Startplatz im Berghang oberhalb der Zwiefalter Ach. Für die Ortung des Bohrkopfsenders war Klettern an Hangfelsen angesagt

an vielen Wochenenden in den Besuchszeiten von Frühjahr bis Herbst der Besucherandrang, auch für die benachbarte Höhlengaststätte. Die Höhlengaststätte hat daher auch ein zeitweise sehr hohes Abwasseraufkommen, auf die Dauer zu viel für eine Sammelgrube. Über das Förderprogramm „Ländlicher Raum" wurde daher vom Umweltministerium Baden-Württemberg der Bau einer Abwasserfernleitung (Druckleitung) angeordnet, die auch die benachbarten Gebäude sowie das im Tal etwas höher gelegene Schloss Ehrenfels anbinden musste. Das obere Tal der Zwiefaltener Ach steht teilweise unter Naturschutz, teilweise unter Landschaftsschutz. Unterhalb des Höhlenhauses fließt die Ach in Schleifenform durch eine herrliche Felsenge. Grund genug, diesen Abschnitt vom Leitungsbau völlig zu verschonen. Man entschied, den bis zu 50 m hohen und steilen Felsrücken in abkürzender Weise im Basisbereich zu durchbohren.

Hinter dem Nebengebäude des Höhlenhauses wurde eine 20-t-HDD-Anlage (Typ Grundodrill 20 S) und mit einem Grundorock-Mudmotor 3 ¾" aufgebaut und leicht schräg geneigt, aber geradlinig durch den Fels gebohrt. Das Gestein, ein klüftiger Weißjura-Massenkalk mit über 200 MPa Druckfestigkeit wurde auf 90 m Länge bis zur Gegenseite des Felsrückens, z. T. unter 45 m Felsbedeckung, an einem Tag mit einem 4 ½"-TCI-Rollenmeißel durchbohrt. Am nächsten Tag wurde in der Pilotbohrung die Abwasserdruckleitung eingezogen. Die Befürchtungen auf Felshohlräume im Massenkalk waren berechtigt, die Hohlräume blieben jedoch im Dezimeterbereich und führten zu keinen Bohrbeeinträchtigungen oder Lageabweichungen. Die Ortung des Bohrkopfsenders konnte nur bis etwa 15 m Tiefe wahrgenommen werden und verlangte beinahe bergsteigerische Fähigkeiten vom Bohrmeister. Die ortungsfreie Strecke (etwa 50 m) wurde, wie gewünscht, geradlinig bei gleichmäßigen Gefälle, realisiert und der geplante Anbindepunkt der Leitung an die Talgrundstrecke sehr genau erreicht.

(Bericht: U. Harer und H.-J. Bayer, Fotos: H.-J. Bayer, Grafik: A. Knour)

9.5 Abkürzungsbohrung im Kanton Basel-Land

- Region: Schweizer Jura, Basel-Land, Reigoldswil
- Gestein: Weißer Jura, Kalkfels
- Gesteinsdruckfestigkeit: bis 200 MPa
- Bohrungslänge: 460 m
- Enddurchmesser Bohrloch: 500 mm
- Verlegeprodukt(e): Stahlpipeline 273 mm
- Verwendeter HDD-Gerätetyp: Prime Drilling 100-t-Bohranlage
- Verwendete HDD-Bohrwerkzeuge: Mudmotor mit 250-mm-Meißel, zwei Hole Opener (500 mm letzte Aufweitstufe)

Bild 9.18: 100-t-Prime Drilling-Anlage im Einsatz im Schweizer Jura

Bild 9.19: 100-t-Prime Drilling-Anlage im Einsatz im Schweizer Jura

9.5.1 Bohrung durch einen Bergrücken im Schweizer Jura

Der Einsatz der grabenlosen Rohrverlegung bringt sowohl für den Naturschutz im Gebirge als auch für die Rohrverlegung selbst nur Vorteile. Da man die gleichen Gerätschaften nutzen kann wie für die Horizontalbohrtechnik im Fall von Unterdükerungen oder Verkehrswegeunterbohrungen, können Bergrücken oder steile Gebirgskanten mit der Horizontalbohrtechnik einfach durchbohrt werden. Die Kostenstrukturen für solche Bohraufgaben sind nicht grundsätzlich anders als im flachen Gelände. Nur der Einsatz in größeren Tiefen macht eine kabelgeführte Ortungstechnik notwendig, die zusätzliche Kosten verursacht. Ansonsten bestimmt die Geologie die Vortriebsleistung und damit die Kostenstruktur in ähnlicher Weise wie in Regionen mit geringeren Reliefunterschieden. Die Abkürzungsstrecken im Gebirge haben zudem den Vorteil, dass kritische Hanglagen, die z. B. rutschungsgefährdend sein können, umgangen oder unterbohrt werden können. Je steiler das Gelände und je größer die Querriegelsituation im Trassenverlauf ist, umso größer sind die Vorteile einer direkten Durchbohrung von Bergen oder Steilkanten.

Reigoldswil liegt im Kanton Basel-Land in den Gebirgsfalten des Schweizer Jura, der hier Höhen zwischen 900 und 1.200 m erreicht und letztlich ein Vorgebirge der Alpen darstellt. Eine Erdgas-Pipeline, die seit 1967 hier besteht, musste ersetzt werden durch eine neue, die auch die Ortslage von Reigoldswil mit Abstand umgeht. Der Erdgasversorger, die Mittelland AG, entschied sich, 900 m Pipeline komplett neu zu bauen, wovon 460 m einen Bergrücken unterirdisch durchschneiden sollten. Diese Abkürzungsbohrung durch den Bergrücken namens „Bergli" hindurch, aus massiven Jurakalken bestehend, wurde von der erfahrenen Firma Bohlen & Doyen mit einer 100-t-Prime-Drilling-Anlage durchgeführt. Die Pilotbohrung erfolgte mit einem 250-mm-Rollenmeißel auf einem großen Mudmotor. Die Ortung und Steuerung geschah mit einem kabelgeführten Navigationssystem in einem künstlich ausgelegten Magnetfeld. Die Bohrung wurde mit Hole Opener in zwei Schritten bis auf 500 mm Durchmesser aufgeweitet. Danach wurde in einem nächsten Arbeitsschritt das 273 mm-Pipelinerohr ins Bohrloch hineingezogen, welches mit einer angereicherten Bohrspülung gefüllt war. Die Bohraufgabe wurde exakt in der vorgegebenen Zeit abgeschlossen. Die Auftraggeberseite war sehr zufrieden und hat in etlichen Veröffentlichungen in der Schweiz die Bauaufgabe und diese Bohrleistung beschrieben.

(Bericht und Fotos: Prime Drilling GmbH)

9.6 Hochgebirgsbohrung in den Glarner Alpen, Ost-Schweiz

- Region: Ost-Schweiz, Graubünden, Glarner Alpen bei Laax
- Gestein: harter Kalkfels
- Gesteinsdruckfestigkeit: bis 200 MPa
- Bohrungslänge: 334 m
- Enddurchmesser Bohrloch: 23"
- Verlegeprodukt(e): PE-HD-Wasserleitung 400 mm für Beschneiungsanlage
- Verwendeter HDD-Gerätetyp: Prime Drilling 75-t-Bohranlage
- Verwendete HDD-Bohrwerkzeuge: 6 ¾" Mudmotor mit 9 ⅞"-Rollenmeißel und Hole Opener (17 ½" und 23") der Fa. Prime Drilling GmbH

9.6.1 Felsbohrung für Beschneiungsanlagen bei Laax/Graubünden

HDD-Anlagen finden auch zunehmend Einsatz in den hohen Lagen in den Alpen und arbeiten hier in Höhen über 1.500 m bis weit über 2.000 m. Felsbohrungen zur Leitungsverlegung in den Alpen gibt es vielfach, teilweise um die Trasse durch Felsrücken zu verkürzen oder um Flüsse und Verkehrswege zu unterfahren. Felsbohrungen zur Verlegung von Wasserleitungen, die der Versorgung von Schneekanonen dienen, sind jedoch neu. Immer mehr müssen in den Alpen schneearme Phasen in der Winterzeit mit künstlichen Beschneiungsanlagen überbrückt werden. Doch auch der Naturschutz fordert sein

Bild 9.20: Startplatz der PD 75/50-HDD-Anlage in den Glarner Alpen oberhalb von Laax und Flims

Recht, und Wasserleitungsverlegungen im hochalpinen Bereich werden nur noch selten in offener Bauweise erlaubt. Einen idealen Ausweg bilden daher HDD-Felsbohrungen, mit denen ganze Leitungsnetze für Beschneiungsanlagen installiert werden können. Auf diese Weise wird vielen Bereichen gedient, dem Naturschutz, den Wintersportorten und nicht zuletzt den Bohrfirmen.

Bild 9.21: Startplatz der PD 75/50-HDD-Anlage in den Glarner Alpen oberhalb von Laax und Flims

In den Glarner Alpen bei Laax (nahe Flims, Kanton Graubünden) musste für eine Schneeanlage (Beschneiung durch Schneekanonen) eine 334 m lange Felsbohrung unter einer Bergkuppe zwischen 1.937 m ü. NN und 1.940 m ü. NN, d. h. mit einem Gefälle von 0,68 %, zur Aufnahme einer 400-mm-Wasserdruckleitung aus PE erstellt werden. Die Bohrarbeiten wurden im September 2006 von der italienischen Bohrfirma Bianco mit einer Prime Drilling 75/50-Bohranlage durchgeführt. Bohrungen im Hochgebirge, im Festgestein, jedoch nicht weit entfernt vom ehemals größten Bergsturz der Alpen, sind sehr anspruchsvoll. Da eine Verbindungsleitung zu einem künftigen Speicherbecken (Speichersee Nagens) hergestellt werden musste, sollte von unten nach oben, bei geringem Gefälle, unter maximal 40 m Überdeckung, gebohrt werden. Verwendet wurde für die Pilotbohrung ein 6 ¾"-Mudmotor mit einem 9 ⅞"-Rollenmeißel. Aufweitet wurde die Strecke dann, die auf 20 m Länge auch durch grobes Geröll führte, mit einem 23"-Hole Opener, einem Eigenbau der Fa. Prime Drilling. Der PE-Rohreinzug wurde mit einem vorauslaufenden 17 ½"-Hole Opener vorgenommen. Die Baumaßnahme erfolgte naturschonend, völlig störungsfrei und in sehr kurzer Bauzeit.

(Bericht und Fotos: Prime Drilling GmbH)

9.7 Steil durch Schieferfels am Mittelrhein

- Region: Rheinland-Pfalz, Rheinisches Schiefergebirge, Mittelrhein, Bacharach
- Gestein: Schieferfels
- Gesteinsdruckfestigkeit: max. 100 bis 110 MPa
- Bohrungslänge: 260 m bei 120 m Höhenunterschied
- Enddurchmesser Bohrloch: 12"
- Verlegeprodukt(e): 160 mm-Leerrohr zur Aufnahme eines 20 kV-Kabels
- Verwendeter HDD-Gerätetyp: Grundodrill 25 N
- Verwendete HDD-Bohrwerkzeuge: Grundorock-Mudmoter 3 ¾"

9.7.1 Steilhangbohrung bei Bacharach am Rhein

Unweit der Loreley liegt der Weinort Bacharach mit einem der schönsten historischen Ortsbilder am Mittelrhein. Hier können die Gäste Rheinromantik pur genießen. Nicht nur das, denn so mancher Gast und auch einige Anlieger waren im Spätsommer 2011 interessierte Zaungäste auf der Bohrbaustelle in der Blücherstraße direkt vor dem alten Stadttor. Bauleiter Peter Rottmann von der Firma Kabel und Tiefbau GmbH aus Kehl beantwortete gerne die Fragen nach dem Anlass und dem Ablauf der Bohrung.

Die RWE Westfalen Netz AG, Bingen, verlegt in Bacharach und Umgebung bisherige 20 kV-Freileitungen als Kabel unter die Erde, weil ca. 200 m über dem Rheintal vom Hunsrück kommend der Wind gelegentlich schärfer bläst und hin und wieder Ursache für Windbruch war. Darüber hinaus muss in steilen Hanglagen die Freileitungstrasse regelmäßig und äußerst beschwerlich vom üppigen Bewuchs befreit werden. So soll langfristig auch der Inspektionsaufwand minimiert werden. Ein weiterer schöner Nebeneffekt besteht darin, dass Freileitungsmasten das Landschaftsbild nicht mehr störend beeinflussen.

Durch die Ausläufer des Rheinischen Schiefergebirges ist die Erdverkabelung in dieser Gegend eine Herausforderung und häufig mit einer Felsbohrung verbunden. So auch auf dem 260 m langen Teilstück, beginnend im Tal bei 80 m über NN ansteigend auf 200 m über NN. In dem engen Tal musste zunächst ein Weiher unterquert und dann in einem engen Radius der Steilhang mit einer maximalen Steigung von 85 % bezwungen werden. Die Planung und Bauleitung der Maßnahme oblag dem Ingenieurbüro Dr. Pecher AG, NL Bingen. Der verantwort-

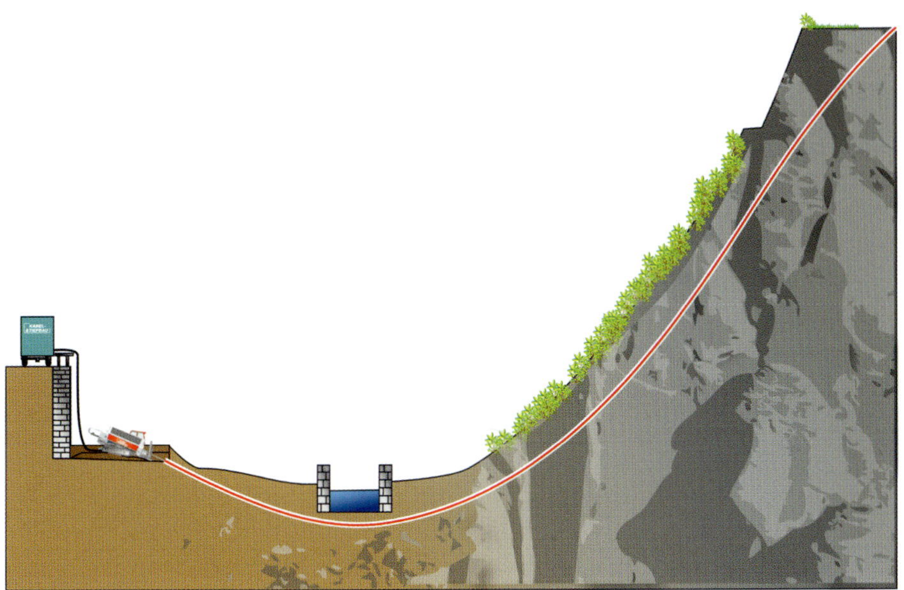

Bild 9.22: Querprofil durch die topografische Situation der Bohrtrasse

liche Bauleiter Dipl.-Ing. Dirk Peter Löhrer ist ein exzellenter Kenner der HDD-Spülbohrtechnik. Mit der Durchführung der Maßnahme war die Firma Kabel- und Tiefbau GmbH aus Kehl beauftragt. Zum Einsatz kam ein Grundodrill 25 N-Bohrgerät und ein 3 ¾"-Grundorock-Mudmotor.

Der Grundorock-Mudmotor zeichnet sich gegenüber anderen Mudmotoren durch einen geringeren Bohrspülungsverbrauch von maximal 180 L/min statt üblichen 300 L/min und mehr aus. Der Mud-Rückfluss aus der Bohrung muss sichergestellt sein. Deshalb wird auch von unten nach oben gebohrt. Die Bohrspülung wird aufgefangen, recycelt und der Wiederverwendung zugeführt.

Die Ortung erfolgt durch einen Sender, der hinter dem Rollenmeißel eingebaut ist. Beim Messen ist wegen der Reaktionszeit eine vorausschauende Arbeitsweise erforderlich. Erschwerend kam die eingeschränkte Bewegungsfreiheit im Steilhang hinzu. Die Rollenmeißel fräsen sich durch Gestein mit einer Härte von über 150 MPa. Die Arbeitsleistung ist erkennbar an der Vortriebsgeschwindigkeit des 3 m langen Bohrgestänges. Die längste gemessene Zeit pro Bohrstange lag zeit-

Bild 9.23 und 9.24: Startpunkt der Bohrstrecke und Austrittspunkt des Mudmotors

weise bei 25 Minuten, die kürzeste bei acht Minuten. Für die Pilotbohrung war eine Woche veranschlagt, die auch in Anspruch genommen wurde.

Für die beiden 8"- und 12"-Aufweitungsvorgänge musste die Bohranlage vom Tal auf den Berg umgesetzt werden. Eingezogen wurden ein Rohr DN 160, zwei Rohre DN 125 und ein Rohr DN 50. Die Bohrung bei Bacharach war vermutlich die steilste HDD-Bohrung im Rheinischen Schiefergebirge.

(Bericht, Grafikvorlage und Fotos: G. Naujoks, Grafik: Y. Hennecke)

9.8 Unter Autobahn, Landstraße und ICE-Strecke hindurch

- Region: Rheinland-Pfalz, Rheinisches Schiefergebirge, bei Willroth, A3-Ausfahrt Neuwied, ICE-Strecke zwischen Siegburg und Montabaur
- Gestein: Angewitterter Schieferfels
- Gesteinsdruckfestigkeit: max. 40 bis 50 MPa
- Bohrungslänge: insgesamt 160 m, davon 110 m HDD-Bohrstrecke
- Enddurchmesser Bohrloch: 380 mm
- Verlegeprodukt(e): Leerrohre für 20 kV-Kabel (2 x 140, 1 × 90) und Glasfaserkabel
- Verwendeter HDD-Gerätetyp: Grundodrill 15 N
- Verwendete HDD-Bohrwerkzeuge: drei Backreamertypen: 140er, 280er, 380er

9.8.1 Gebündelte Verkehrswege bei Willroth unterbohrt

Die Autobahn A3, die ICE-Strecke Köln – Frankfurt/Main und eine parallele Landstraße sollten für die Verlegung von Erdkabeln gequert werden, nahe der Autobahnabfahrt „Neuwied" bei Willroth im Rheinischen Schiefergebirge. Für den HDD-Felsbohrauftrag war die Fa. Revor verantwortlich, die vor etwa einem Jahr in der Nähe bei Rossbach an der Erdverkabelungsmaßnahme Oberhonnefeld – Linkenbach beteiligt war. Dabei ging es um die Verlegung von zwei 20 kV-Kabel und ein Glasfaserkabel im Auftrag der SÜWAG Frankfurt. Jetzt stand mit der Unterquerung der ICE-Strecke Frankfurt – Köln, A3 und der L265 in unmittelbarer Nähe der Mülldeponie Linkenbach auf insgesamt 160 m Länge der Lückenschluss an.

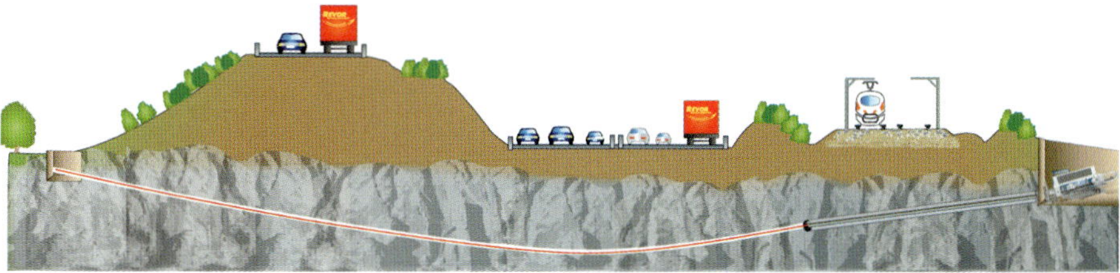

Bild 9.25: Querschnitt durch die Untergrundsituation der Bohrtrasse

Bild 9.26: Blick über die gebündelten Verkehrswege

Ein ehrgeiziges Bohrprojekt mit besonderen Herausforderungen. Gemäß Vorgabe der DB Netz Frankfurt durfte die zweigleisige und stark frequentierte ICE-Strecke mit Zuggeschwindigkeiten bis 300 km/h auf 50 m Länge aus Sicherheitsgründen nur im Ramm- oder Bohrpressverfahren unterbohrt werden. Die unmittelbar angrenzende dreispurige Autobahntrasse liegt laut Höhenprofil ca. 1,70 m tiefer als die ICE-Strecke. Die Unterbohrung im HDD-Spülbohrverfahren mit Walk-Over-Ortung (durch Bohrkopf-Sendersignale) war möglich, ergab aber messtechnische Unsicherheiten und Lücken, denn der Bohrkopf konnte nur auf den Standspuren am Anfang und Ende der Autobahn geortet werden. Zudem befanden sich in 3,50 m Tiefe unterhalb des Straßenraumes Abwasserkanäle. Insgesamt war die geplante Bohrtrasse unübersichtlich und schwer zugänglich. Zu guter Letzt wies das Bodengutachten im Bohrtrassenbereich einen felsigen Untergrund aus.

Keine einfachen Bedingungen, so der Geschäftsführer von Fa. Revor, Clemens Reuschenbach: „Die Bohrmaßnahme wurde deshalb im Vorfeld gründlich durchdacht und geplant. Nach einer Machbarkeitsdiskussion mit dem Bohrteam haben wir uns trotz Restrisiken dazu entschlossen, uns um den Auftrag zu bewerben – mit Erfolg."

Der Plan sah folgendes vor:

1. Kombinierter Einsatz der Bohrpresstechnik und HDD-Spülbohrtechnik
2. Einhaltung eines größtmöglichen Sicherheitsabstandes zu den Verkehrstrassen
3. Einstellung auf schwierige Bodenbedingungen

Zur Ausführung des Plans soll zunächst auf 50 m Länge mit 15 % Gefälle ein Stahlrohr DN 400 vorgepresst werden. Dazu ist am Startpunkt eine 5 m tiefe, mit großen Verbauplatten abgesicherte Grube erforderlich. Der Rohrvortrieb und die Einhaltung des Gefälles werden mit einem Theodolit-Messgerät überwacht. Nach Beendigung des Vortriebs soll innerhalb des Stahlrohres ein Hilfsrohr DN 160 mit Abstandstandhaltern bis zur Ortsbrust eingeschoben werden. Danach ist vorgesehen, die Baugrube anzufüllen und durch eine Grundverbesserung für die Positionierung der HDD-Spülbohranlage befahrbar zu machen. Das Hilfsrohr dient zur Führung des Bohrgestänges, an dessen Spitze ein Bohrkopf für Hartgestein mit einer Tiefensonde angeschraubt ist.

Bild 9.27: Bohrgerät auf der Startseite nahe der ICE-Trasse mit eingebrachten Schutzrohren aus Stahl

Um den geplanten Zielpunkt zu erreichen, muss der Bohrkopf nach etwa 80 m mit 15 % Steigung auffahren. Für den zweiten und dritten Aufweitungsvorgang sowie den Rohreinzug ist die Umsetzung der Bohranlage in den Zielbereich erforderlich. Deshalb muss für die Dauer der Maßnahme von der Landstraße durch eine Waldfläche auf 400 m Länge bis zur Zielgrube eine provisorische Baustraße angelegt werden. Insgesamt sind zwei PE-HD-Schutzrohre DN 140 und ein PE-HD-Schutzrohr DN 90 im Bündel einzuziehen.

Der Plan fand die Zustimmung des Auftraggebers, der DB Netz Frankfurt, sowie des Landesbetriebes Mobilität Montabaur und wurde ohne Nachbesserungen genehmigt. Die Arbeiten wurden nun zügig aufgenommen. Der Vortrieb des Stahlrohres mit einer Bohrpressanlage sowie der Einschub des Hilfsrohres dauerten fünf Arbeitstage.

Es folgten die Vorbereitungen für die HDD-Spülbohrung. Schneller als erwartet konnte die Pilotbohrung innerhalb von zwei Arbeitstagen erstellt werden. Der Bohrkopf wurde zum ersten Mal nach dem Austritt aus dem Stahlrohr hinter der ICE-Strecke geortet. Einige Meter weiter auf der Standspur der A3 lag die Überdeckung bei 6,70 m. Ab diesem Punkt war die Ortung nicht mehr möglich und konnte erst wieder auf der anderen Seite aufgenommen werden und lag dort bei 8,30 m Überdeckung. Die Richtungsänderung von 15 % Neigung auf 15 % Steigung war bereits eingeleitet. Tiefenlage und Richtung waren dank der Erfahrung und des Gespürs des Bohrgeräteführers trotz einer geringfügig seitlichen Abweichung im Zielbereich. Nach dem Austritt des Bohrkopfes an die Erdoberfläche wurde einige Meter vor dem Austrittspunkt die Zielgrube bei ca. 1,50 m Bohrlochüberdeckung ausgehoben.

Bild 9.28: Bohrgerät beim Aufweiten von der Zielseite aus

Bild 9.29: Gebündelter Einzug der Leerrohre

Am darauffolgenden Tag begann der erste Aufweitungsvorgang mit einem 140er-Backreamer, der noch durch das Hilfsrohr DN 160 auf der anderen Seite eingezogen werden konnte. Das Hilfsrohr wurde danach nicht mehr benötigt und konnte herausgezogen und geborgen werden. Am Nachmittag begann die Umsetzung der Bohranlage und die Vorbereitung für den zweiten Aufweitungsvorgang mit dem Anschluss eines 280er-Backreamers, der ebenso wie die dritte Aufweitung mit einem 380er-Backreamer je einen Arbeitstag in Anspruch nahm. Mit dem gleichen Backreamer wurde als letztes dann das Leerrohr-Rohrbündel, bestehend aus zwei PE-HD-Rohren DN 140 und einem PE-HD-Rohr DN 90, von morgens 10:00 Uhr bis 14:00 Uhr eingezogen. Die Baustelle wurde perfekt geräumt und die Erdkabel danach von einer Spezialfirma eingezogen.

(Bericht, Grafikvorlage und Fotos: G. Naujoks, Grafik: Y. Hennecke)

9.9 Dükerbohrung bei Pamplona in Nordost-Spanien

- Region: Nord-Spanien, Südwestliches Pyrenäen-Vorland, Düker unter Rio Arga
- Gestein: Glastuff-Schichten
- Gesteinsdruckfestigkeit: hoch
- Bohrungslänge: 151 m
- Enddurchmesser Bohrloch: 400 mm
- Verlegeprodukt(e): Trinkwasser-Druckleitung d_a 315 mm in PE-HD
- Verwendeter HDD-Gerätetyp: Grundodrill 10 S (Baujahr: vor 2000)
- Verwendete HDD-Bohrwerkzeuge: Grundorock 2 $^7/_8$"-Mudmotor

9.9.1 Schwieriger Felsbohreinsatz für eine kleine HDD-Anlage

Es ist nicht mehr der neueste Grundodrill-Typ, der in der Nähe von Pamplona/ Spanien im südwestlichen Pyrenäen-Vorland zum Einsatz kam. Die Firma Lacunza

Bild 9.30 Bohrgerät 10 S beim Bohrvortrieb mit dem Mudmotor

Bild 9.31: Rio Arga: Ortung des Bohrkopfes vom Boot aus

HNOS S.L. aus Tajonar hatte den Grundodrill 10 S als Gebrauchtmaschine im August 2006 von Sistemas de Perforacion aus Rafol de Almunia erworben und seither viele Bohrungen erfolgreich durchgeführt.

Der Grundodrill-Typ 10 S wird zwar heute nicht mehr produziert und wurde bereits 2001 durch die Grundodrill X-Reihe abgelöst, dennoch bringt die Bohranlage nach mehr als acht „Lebensjahren" immer noch Höchstleistungen. Das soll auch so bleiben. So hat sich die Firma Lacunza nach diesem Einsatz dazu entschlossen, in einen Grundorock-Felsbohrlochmotor zu investieren.

Anlass war die Dükerung des Rio Arga auf 151 m Länge. Dort sollte im Auftrag der Wasserwerke Pamplona eine größere PE-HD-Druckwasserleitung d_a 315 mm verlegt werden. In diesem Teilabschnitt kam nur das HDD-Spülbohrverfahren in Frage.

Die Bohrlänge, die Topografie, der harte Boden, weitgehend bestehend aus Tuff mit sehr harten Glastuff-Lagen, sowie der maximale Aufweitdurchmesser von 400 mm waren eine Herausforderung für diesen Maschinentyp. Der Höhenunterschied zwischen Ein- und Austrittspunkt lag bei 15 m zuzüglich 10 m zur Unterquerung des Flusses.

Das Bohrgerät wurde flussseits positioniert und musste auf der anderen Seite des Flusses zusätzlich die 15 m Höhenunterschied überwinden, um jenseits des Hangs auf einem Plateau seinen Zielpunkt zu erreichen.

Bild 9.32: Ankunft des Wasserrohres auf der Zielseite

Der erste Versuch mit einem Standardbohrkopf zeigte, dass der Boden zwar bohrbar, eine Steuerung aber unmöglich war. Deshalb konnte die Bohrung nur mit dem Grundorock-Felsbohrlochmotor ausgeführt werden. Eingesetzt wurde der Grundorock Low-Flow-Mudmotor 288 zunächst mit einem Stufenmeißel. In den härteren, glasschaumartigen Schichten musste später der Stufenmeißel gegen einen TCI-Rollenmeißel ausgetauscht werden. Die Ortung erfolgte mit dem DCI Mark III. Die Pilotbohrung dauerte insgesamt vier Tage.

Die Pilotbohrung konnte mit den Backreamern, Typ Grundoream 250 mm, 350 mm und 400 mm aufgeweitet werden. Der aufwändigere Einsatz mit Hole Openern war nicht erforderlich. Alle drei Aufweitbohrungen dauerten je zwei Arbeitstage. Der Rohreinzug erfolgte an einem Arbeitstag. Insgesamt wurden ca. 240 m^3 Spülung verbraucht, die ordnungsgemäß entsorgt wurde.

Sowohl der Auftraggeber als auch die bauausführende Firma Lacunza waren begeistert über diese einmalige Arbeitsleistung der für diese Aufgabe vergleichsweise klein dimensionierten Bohranlage.

(Bericht: R. Schrinner und C. Schmidt, Fotos: R. Schrinner)

9.10 Unter der wilden Murg zwischen Gernsbach und Freudenstadt

- Region: Nord-Schwarzwald, Murgtal bei Forbach (zwischen Gernsbach und Freudenstadt)
- Gestein: Granit-Blöcke und anstehender Forbach-Granit
- Gesteinsdruckfestigkeit: bis 220 MPa
- Bohrungslänge: 88 m
- Enddurchmesser Bohrloch: 10" = 254 mm
- Verlegeprodukt(e): 5 Leerrohre (3 × 75 mm, 2 × 50 mm) für Kabel
- Verwendeter HDD-Gerätetyp: Grundodrill 18 ACS
- Verwendete HDD-Bohrwerkzeuge: Doppelbohrgestänge mit 6½"-Rollenmeißel

9.10.1 Felsbohrung unter wild gelagerten Granitblöcken

Die Murg bildet zwischen Freudenstadt und Kuppenheim bei Rastatt ein lang geschnittenes Tal im nördlichen Schwarzwald. Zwischen Gernsbach und Baiersbronn liegt bei Forbach ein sehr ursprünglicher und wilder Flussabschnitt vor, der

Bild 9.33: Typischer Flussabschnitt der Murg nahe der Bohrtrasse

Bild 9.34: Grundodrill 18 ACS in Arbeitsposition an der Murg

von mächtigen Granitblöcken, Blockschutthalden, Granitgrus und anstehenden Granit-Felsen gebildet wird. Der Fluss, die Murg, windet sich zum Teil über Kaskaden verspringend durch diese großen Blöcke hindurch.

Gerade in diesem wilden Flussabschnitt kurz unterhalb der Ortschaft Forbach musste der Fluss in einem Düker unterbohrt werden. Offene Eingriffe waren auch aus Landschaftsschutzgründen undenkbar. Zu verlegen waren in einer Bohrung fünf Leerrohre (3 × 75 mm, 2 × 50 mm) für den Einzug von Erdkabeln. Bei einer Bohrlänge von 88 m und einem Gelände Höhenunterschied von 12 m, war die tiefste Stelle mit 4,00 m unter der Flussmitte geplant.

Die geologische Situation in diesem Talabschnitt war zwar nur von einer einzigen Gesteinssorte geprägt, dem Forbach-Granit. Dieser lag jedoch in allen Varianten, vom fest anstehenden Fels mit bis zu 220 MPa (einaxiale Druckfestigkeit) über gröbste Verwitterungsblöcke, einzelne Gerölle und Geröllmassen bis hin zum mürben bis lockeren, aber grobkantigen Granitgrus, vor. Festes und verwittertes Granitmaterial lag somit wild durchmischt mit aufgewittertem und losem Granitgrus durcheinander. Bohrtechnisch ist so ein heftiger Wechsel zwischen sehr hartem und lockerem Material eine enorme Herausforderung, die nur mit einer zuverlässigen Maschinentechnik und entsprechendem Bohrwerkzeug zu lösen ist. Normales HDD-Equipment ist in dieser Geologie völlig chancenlos, und übliche Mudmotoren hätten unter diesen Hart-Weich-Gesteinswechsel sehr zu leiden. Selbst mit einem kleinen Mudmotor wäre zudem der erforderliche Kurvenradius der Bohrung – anfangs 100 m Radius, danach enger werdend bis auf 60 m Radius – nicht zu realisieren gewesen. Gerade die Enge der Bohrtrasse auf der gewünschten Zielseite verlangte diesen Radius. Die Wahl fiel auf das leistungsfähigste HDD-Bohrsystem mit Doppelbohrgestänge, den neuartigen Grundodrill 18 ACS. Mit einem 6 ¾"-Rollenmeißel, der durch ein Innengestänge angetrieben wird, wurde die wilde Flussstrecke kontinuierlich und ohne jegliche Probleme unterbohrt.

Im Rückwärtsgang erfolgte eine Aufweitung mit einem 10"-Hole Opener, so dass die gesamte Bohrmaßnahme innerhalb von drei Tagen durchgeführt werden konnte. Der Grundodrill 18 ACS hat den Vorteil, dass durch das Doppelbohrgestänge eine wesentlich geringere Spülungsmenge eingesetzt werden muss und so die Gefahr eines möglichen Entweichens der Bohrspülung in den Fluss auf ein Minimum reduziert wurde. Für die aufmerksamen und kritisch beobachtenden Umweltschützer im Schwarzwald ein wichtiges Kriterium.

Die Schwarzwälder Baufirma Jäkle aus Loßburg hatte auch hier mit dem Grundodrill 18 ACS die richtige Entscheidung für diese komplexe Maßnahme und Untergrundsituation getroffen.

(Bericht: J. Schmidt, U. Zimmermann und H.-J. Bayer, Fotos: J. Schmidt und U. Zimmermann)

Bild 9.35: Austritt des Aufweitkopfes auf der Zielseite

9.11 Durch Kalkfelsbänke im Landkreis Nordhausen

- Region: Nord-Thüringen, Sollstedt, Landkreis Nordhausen
- Gestein: Kalkstein-Felsbänke
- Gesteinsdruckfestigkeit: unbekannt
- Bohrungslänge: 150 m in Hanglage
- Enddurchmesser Bohrloch: 350 mm
- Verlegeprodukt(e): 1 Stahlrohr mit GFK-Überzug und 4 × 50-mm-Leerrohre
- Verwendeter HDD-Gerätetyp: Grundodrill 25 N
- Verwendete HDD-Bohrwerkzeuge: Felsbohrkopf + Hole Opener

9.11.1 Hangbohrung in Sollstedt, Nord-Thüringen

Die Bohrbaustelle der Firma Beermann, Niederlassung Zeitz, befand sich auf dem Hochplateau ca. 5 km abseits von Sollstedt im Landkreis Nordhausen. Der zur Baustelle führende Forstweg war auf den letzten 300 m gerade noch soweit befahrbar, um die Bohrausrüstung samt Lkw sicher an die Bohrstelle zu transportieren. Die Vervollständigung der Baustelleneinrichtung nahm einen Arbeitstag in Anspruch.

Bild 9.36 Lage der bisherigen Gasleitung am Hang

Für das Anmischen der Bohrspülung wurde das Wasser aus dem ca. 6 km entfernten Flüsschen Wipper in 10 m^3 fassende Tanks gepumpt und mit landwirtschaftlichen Traktoren zum Einsatzort transportiert.

Zweck der Maßnahme war die Erneuerung einer in die Jahre gekommenen Gasleitung auf über 2 km Länge von der Sollstedter Höhe bis zur Gasdruckregelanlage bei Sollstedt. Zudem

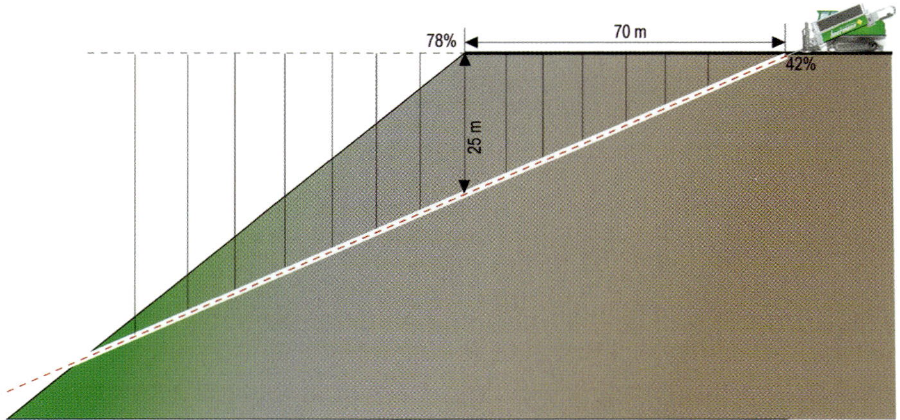

Bild 9.37: Querprofil der Leitungstrasse im Berghang bei Sollstedt

soll durch die Erneuerung die Speicherkapazität zur Regelung die Verfügbarkeit von Gasmengen verbessert und die Druckstufe von jetzt 25 bar auf 70 bar (PN 70) erhöht werden.

Der Auftraggeber, die E.ON Thüringer Energie (ETE) Erfurt, beauftragte die Firma Boyen und Doyen, Erfurt, mit der Durchführung der Baumaßnahme, die wiederum für die Bohrung die Firma Beermann Bohrtechnik GmbH, Riesenbeck, Niederlassung Zeitz, als Nachunternehmer einschaltete.

Für die Ausführung der Bohrarbeiten wurde der Grundodrill Typ 25 N ausgewählt, den die Firma Beermann seit 2008 erfolgreich einsetzt. 3.800 Betriebsstunden hat die Bohranlage bereits geleistet. Bediener Lutz Dietze: „Die längste Bohrung hatten wir mit 480 m in Hamburg, das dickste Rohr, das wir eingezogen haben, war eine 500-mm-ST-Fernwärmeleitung."

Im Bereich eines Steilhangs mit 78 % Gefälle verläuft die alte Gasleitung oberirdisch. Dieses Teilstück war durch eine parallele Bohrung auf insgesamt ca. 150 m Länge zu ersetzen. Der Abstand zwischen Bohrgerät und Beginn des Steilhanges betrug etwa 70 m. Hieraus ergab sich ein notwendiger Eintrittswinkel von ca. 42 %, um den geplanten Bohraustrittspunkt am Fuße des Steilhangs nach durchgehend geradlinigem Bohrverlauf exakt zu treffen. Zum Vergleich: In der Regel liegt der Bohreintrittswinkel bei 10 % bis 24 %.

Bild 9.38: Bohrgerät Grundodrill 25 N im Wald

Der Untergrund, in Lagen geschichteter Kalksteinfels, teils verwittert, teils sehr fest, war an der Oberfläche des abschüssigen Geländes gut erkennbar.

Dementsprechend war die Pilotbohrung vorzubereiten. Ein Mudmotor konnte wegen der Neigung und der engen Platzverhältnisse nicht eingesetzt werden. Deshalb kam nur ein aggressiv arbeitender Bohrkopf mit speziellen Hartmetallbohrspitzen in Frage. Für die Ortung und Steuerung war er mit einer Tiefensonde (28 m) des Herstellers DCI bestückt. Im Steilhang betrug die Überdeckung streckenweise fast 25 m. Der Signalempfang war entsprechend gering und als grenzwertig zu bezeichnen. „Das war eine Herausforderung. Aufgrund der jahrelangen Erfahrungen und des Einsatzes hochmoderner Bohrtechnik waren wir jedoch zuversichtlich, die Bohrung wie geplant auszuführen. Das zunehmend stärkere Signal nach der kritischen Strecke bestätigte dann auch, dass wir stets auf Kurs waren", so Kai Winkler von der Firma Beermann. Die Pilotbohrung konnte punktgenau abgeschlossen werden.

Relativ zügig mit fünf Minuten pro Bohrstangenlänge folgten nun zwei Aufweitbohrungen mit 250 mm und 350 mm Durchmesser. Die verbrauchte Bohrspülung wurde am Zielpunkt aufgefangen und kontrolliert in eine zweite, tiefer

Bild 9.39 und 9.40 Stahlrohreinzug im Wald. Begleitende Leerrohre wurden miteingezogen

gelegene Grube an der Straße weitergeleitet. Von dort konnte sie mit dem Saugwagen entsorgt werden. Der Spülungsverbrauch lag immerhin bei ca. 150 l pro laufenden Bohrmeter. Nach jeder Aufweitbohrung wurde der Backreamer durch das Bohrloch zurückgeschoben, um das im Bohrloch sedimentierte Bohrklein zum Tiefpunkt herauszudrücken bzw. zu spülen. Dieser sogenannte „Cleaning run" ist für Bohrungen dieser Art unerlässlich, um ein Festsetzen des einzuziehenden Medienrohres zu vermeiden. Nach dem letzten Cleaning run war der Bohrkanal sauber ausgebohrt und für den Rohreinzug bereit.

12 Stahlrohre mit PE- und GFK-Überzug, einem Außendurchmesser von 200 mm und Einzellängen von 12 m wurden miteinander verschweißt, geröntgt und einer Dichtheitsprüfung mit Wasser bei 100 bar unterzogen. Anschließend wurde an der Schweißstelle die PE- und GFK-Umhüllungen wieder hergestellt. Gleichzeitig mit dem Gasrohr wurden vier PE-HD-Rohre, 50 × 4,6 mm, für Steuerkabel und für die nach dem Einzug notwendige Verpressung des Ringraums eingezogen.

Eine Bagela-Seilwinde zog den Rohrstrang den Berg hinauf bis zum Bohrloch. Nach der Ankopplung an den Backreamer begann der Einzug. Das Eigengewicht des Rohrstrangs war mit 5,7 t berechnet. Die Zugkraft lag im Durchschnitt mit 9 t weit unter der Reserve von 25 t. Nach anderthalb Stunden meldete Lutz Dietz Vollzug.

Am nächsten Tag erfolgte die Verpressung des Restraumes der Bohrung. Das Bohrloch wurde zu diesem Zweck am Bohraustrittspunkt verschalt und so gesichert, dass der Verschluss den Belastungen beim Verfüllen standhält. Die Ringraumverfüllung mit dem Verfüllstoff „Drillmix" über das 25 m lange PE-HD-Rohr gibt dem Rohr eine gesicherte Lage und Bettung, vermeidet Korrosion an der Rohraußenfläche und unterbindet das Eindringen von Wasser in den Ringraum.

Von der Bohrstelle ging es in offener Bauweise weiter. Eine Fräse hatte bereits bis zu dem Punkt, wo deren Einsatz nicht mehr möglich war, einen 1,30 m tiefen Graben aus dem Erdreich geschnitten, in dem der weitere Leitungsbau seine Fortsetzung fand.

(Bericht, Grafikvorlage und Fotos: G. Naujoks, Grafik: Y. Hennecke)

9.12 Bohrung in der berühmten Besucherhöhle von Postojna

- Region: Postojna im Karstgebiet von Slowenien
- Gestein: Kreide/Jura-Kalke
- Gesteinsdruckfestigkeit: ca. 200 MPa
- Bohrungslänge: 2 × 35 m
- Enddurchmesser Bohrloch: 254 mm
- Verlegeprodukt(e): zwei Stahlrohre DN 219 zur Aufnahme von Erdkabeln
- Verwendeter HDD-Gerätetyp: Grundodrill 13X
- Verwendete HDD-Bohrwerkzeuge: Grundorock-Mudmotor und 10"-Hole Opener

9.12.1 Bohrung im klassischen Karst in Slowenien

Exakt parallele Felsbohrungen sind selten, in Postojna im klassischen Karstgebiet von Slowenien wurden sie zur Verlegung einer Stromleitung benötigt.

Die Höhlen von Postojna sind weltberühmt und stellen eine der größten Tourismus-Attraktionen in Slowenien dar. Das Höhlenlabyrinth erstreckt sich auf über 27 km Länge, ist überreich mit Stalaktiten, Stalagmiten, Sintervorhängen und besitzt einen unterirdischen Fluss, in dem die seltenen Grottenolme leben.

Bild 9.41: Elektrobahn für die Höhlenbesucher in Postojna (Foto der Höhlenverwaltung Postojna/ Slowenien)

Bild 9.42: Grundodrill 13X mit Mudmotor am Startplatz der Felsbohrung in Postojna

Aufgrund der großen Höhlenlänge werden die Höhlenbesucher über große Strecke mit einer Elektrobahn durch die Höhle gefahren. Die Elektroloks der Höhlenbahn wurden nachts an einer Ladestation in einem Höhlenraum aufgeladen, der über 30 m durch Fels von der Außenwelt entfernt ist. Im Laufe der Jahrzehnte war die Ladestation überaltert und musste erneuert werden.

Die Verwaltung der Höhle hat sich aus rein praktischen Gründen dafür entschieden, die neue Ladestation außerhalb der Höhle anzulegen. Aus diesem Grund musste zwischen dem Standort der alten Ladestation und der neuen eine möglichst kurze Verbindung hergestellt werden.

Die Höhlenverwaltung hat daher das renommierte Unternehmen Vilkograd aus Sentjur in Slowenien beauftragt, mittels Felsbohrungen zwei Verbindungen im Abstand von 1 m durch den Fels zu erstellen. Die Fa. Vilkograd benutzte für die Felsbohrungen im extrem harten Kalkstein ihren Grundodrill 13 X und einen

Grundrock-Mudmotor. Mit dem Mudmotor, der mit sehr wenig Bohrspülung auskommt, wurden die Vorbohrungen durchgeführt, die aufgrund der Gesteinshärte 30 bis 40 Minuten pro Bohrstange (3 m) betrugen. Die Verlaufssteuerung wurde mit einer kabelgeführten Messsonde durchgeführt. Der Aufweitprozess erfolgte dann in einem Schritt mit einen 10"-Hole Opener (entspricht etwa 250 mm). Dann wurden in diese beiden exakt parallelen Bohrlöcher Stahlrohre der Dimension DN 219 unter Nutzung einer Olymp-Ramme hereingetrieben. Zum Schluss wurden durch die Stahlrohre im Fels die Stromkabel durchgezogen und die neue Ladestation angeschlossen. Innerhalb von sechs Tagen waren alle Arbeiten durch das Vilkograd-Team zur besten Zufriedenheit der Höhlendirektion erledigt worden.

Bild 9.43 und 9.44:
Parallele Durchbohrung des Karstkalkes (Bohrgestänge wurde bewusst im ersten Bohrloch für die spätere Aufweitung belassen) und Aufweitarbeit eines Hole Openers

(Bericht: C. Schmidt und R. Schrinner; Fotos: R. Schrinner und Höhlenverwaltung von Postojna)

9.13 HDD-Imlochhammer-Bohrung in Irland

- Region: Irland, zwischen Galway und Dublin
- Gestein: Dunkler Kalkstein
- Gesteinsdruckfestigkeit: etwa 110 MPa
- Bohrungslänge: 2 × 17 m unter Bahnhauptstrecke
- Enddurchmesser Bohrloch: 297 mm und 130 mm
- Verlegeprodukt(e): Wasserleitung 250 mm und Leerrohr 90 mm
- Verwendeter HDD-Gerätetyp: Grundodrill 20 S
- Verwendete HDD-Bohrwerkzeuge: Halco Storm 500 Hammer und Halco Challanger 600 Frontaufweitkopf

9.13.1 Zwischen Galway und Dublin unter der Irish Rail hindurch

Die Bahnhauptstrecke zwischen Galway und Dublin musste für eine wichtige regionale Wasserversorgungsleitung auf Höhe der geschichtlich wichtigen Stadt

Bild 9.45: Bohranlage der Fa. Coffey Construction im Startgrubenbereich

Bild 9.46: Blick über die Baustellensituation

Athenry unterquert werden. Die Hauptbahnlinie der Irish Rail (IE), die hier recht oberflächennah von dunklen, massiven Kalksteinen mit 110 MPa Druckfestigkeit unterlagert wird, sollte auf 17 m Länge für eine 250 mm starke Wasserleitung und ein 90er PE-Leerrohr (als Begleitrohr zur Aufnahme eines Elektrokabels) gequert werden. Die in Irland sehr bekannte und renommierte Firma Coffey Construction erhielt den Auftrag für die Maßnahme unter dem rollenden Eisenbahnverkehr.

Die Firma Coffey Construction, im Besitz einer Grundodrill 20 S-HDD-Anlage, wählte für den relativ kurzen Bohrweg, den Einsatz eines Imlochhammers vom Fabrikat Halco Storm 500 für die Pilotbohrung. Nach verschiedenen Baubesprechungen mit den Ingenieuren der Irish Rail entschied man, die Bohranlage nicht ebenerdig aufzustellen, sondern stattdessen die gesamte 20-t-Bohranlage in eine 8 m × 3 m große und 2,2 m Tiefe Baugrube zu versenken. Der Bau dieser von der Bahngesellschaft geforderten Baugrube benötigte alleine eine Woche. Die Bohranlage wurde mit einem Mobilkran in die Grube gehoben.

Aufgrund des hohen Drehmoments der 20 S-Bohranlage und der Vor- und Rückschubkraft von 20 t und einer zusätzlichen Schub- und Schlagkraft von 28 t durch den pneumatischen Imlochhammer wurde mit dem Halco Storm 500-Hammer ein 130 mm großes Pilotbohrloch etwa 60 cm oberhalb der geplanten Hauptbohrung erzeugt. In dieses Pilotbohrloch wurde das 90er-PE-Leerrohr eingezogen. Danach wurde im gleichen Durchmesser hierunter die Pilotbohrung für die Hauptbohrung in etwa fünf Stunden erzeugt. Der Pilotbohrkopf wurde danach zurückgezogen und gegen einen Frontaufweitungskopf getauscht (Halco Challenger 600), der die Bohrlochaufweitung auf 297 mm ohne jegliche Hindernisse in drei Stunden vornahm. Der Einzug des 250er-Produktrohres (Wasserleitung) betrug danach ungefähr 15 Minuten. Die Imlochhammerbohrungen wurden zur Staubvermeidung unter geringer Wasserzugabe und unter einer Schaumlösung gebohrt, was dazu beitrug, dass die Cuttings weitgehend in die Startgrube flossen. Weiterhin sorgte dies dafür, die Staubentwicklung auf ein Minimum zu begrenzen, zugleich half es beim Kühlen des Schlagbohrkopfes und beim Austragen des Bohrkleins. Die Auftraggeberseite war nach Einzug der Leitungen vom Bauablauf sehr angetan und auch die Irische Bahn war letztlich mit der Aufgabenlösung und dem Bauablauf sehr zufrieden.

(Bericht: TT UK Ltd., GB – Bedford MK 42 9SU, Windsor Road)

9.14 Hausanschlüsse im Fels im Nord-Schwarzwald

- Region: Nord-Schwarzwald, Stadtgebiet von Nagold
- Gestein: Oberer Buntsandstein
- Gesteinsdruckfestigkeit: bis 220 MPa
- Bohrungslänge: vielfach zwischen 6 bis 12 m, vereinzelt bis 15 m
- Enddurchmesser Bohrloch: 80 mm
- Verlegeprodukt(e): Gas- und Wasserleitungen 25, 32 oder 40 mm, Stromkabel, Kupfer- und Glasfaserleitungen für Telekommunikation
- Verwendeter HDD-Gerätetyp: Grundopit Power
- Verwendete HDD-Bohrwerkzeuge: Hammerbohrlanze (mehrfach patentiert)

9.14.1 Gas und Wasser durch Sandsteinfels in Nagold

In Mittelgebirgsbereichen findet man häufig Situationen, bei denen im Haus- und Gartenuntergrund Felsbänke in weichen Gesteinslagen eingelagert sind oder in denen durchgehend felsiger Untergrund vorhanden ist. Solche Hausanschlüsse konnten noch vor wenigen Jahren nur in offenen Eingriffen gebaut werden. Felsbänke wurden mittels Aufbruchhammer durchörtert oder „klassisch" durchbrochen, geschürft, gesprengt, gerissen, u. a., um dann aufwändig ausgehoben und abgefahren zu werden. Neues Wiedereinfüllmaterial musste antransportiert werden und mit Querverbau eingebaut werden.

Bild 9.47 Der untere Teil dieser Startgrube für die Grundopit-Felsbohrung liegt im anstehenden Sandsteinfels (Quelle: Fa. Leonhard Weiss, Netzbau, Leonberg)

Für kurze Bohrstrecken und für Hausanschlüsse im Fels wird die Kleinbohranlage Grundopit Power bis 80 mm Durchmesser auf Längen bis 25 m im Fels mit Druckfestigkeiten bis

Bild 9.48: Vortrieb mit der Hammerbohrlanze im Fels (Hausanschlussbohrung), (Quelle: Fa. Leonhard Weiss, Netzbau, Leonberg)

Bild 9.49: Blick von oben in die Startgrube (Staubabsaugung optional möglich), (Quelle: Fa. Leonhard Weiss, Netzbau, Leonberg)

maximal 240 MPa eingesetzt. Notwendig ist nur eine Startgrube von 1,3 m Länge auf 0,65 m Breite, in der das Grundopit-Bohrgerät abgesenkt werden kann. Von dort aus kann geradlinig das zu versorgende Haus angesteuert werden. Mit seiner speziellen Felsbohrlanze kann dieses Gerät auch durch Fundamentmauern bis in den Hauskeller hineinbohren. In wechselndem Untergrund (Felslagen in Wechselfolge mit weichen Gesteinen, z. B. Mergeln) können Grundopit-Bohrgeräte, ausgerüstet mit einer Felsbohrlanze auch bis zu 30 m lange Hausanschlüsse bewältigen.

Die Baustellenfotos (**Bilder 9.47** und **9.48**) zeigen typische Anwendungssituationen für die Felsbohrtechnik auf Grundopit-Basis. In einem Wohngebiet in Nagold im Nord-Schwarzwald werden Gas- und Wasserleitungen durch ein Felsbohrloch geführt. Der direkt unter der Verwitterungsbodenschicht anstehende rötliche Fels gehört zur Sandstein-Hauptfolge des oberen Buntsandsteins und weist eine Druckfestigkeit von 220 MPa auf. Er gehört somit zu den härtesten Sandsteinen in Süddeutschland. Hausanschlüsse im Fels, sei es für Einzelanschlüsse oder wie hier kombinierte Anschlüsse, werden täglich mit Grundopit-Bohranlagen in hohen Stückzahlen durchgeführt.

(Bericht: H.-J. Bayer)

9.15 Felsbohrung in der Silberstadt Freiberg

- Region: Freiberg (Sachsen), Stadtgebiet, Zielgrube in der Silberhofstraße
- Gestein: Freiberger Gneis
- Gesteinsdruckfestigkeit: bis 240 MPa
- Bohrungslänge: 2 × 138 m
- Enddurchmesser Bohrloch: 10" = 254 mm
- Verlegeprodukt(e): PE-HD-Leerrohre 160 mm für Erdkabelaufnahme (20 kV-Kabel)
- Verwendeter HDD-Gerätetyp: Grundodrill 20 S
- Verwendete HDD-Bohrwerkzeuge: Grundorock 3 ¾"-Mudmotor, 10"-Hole Opener

9.15.1 Stromkabel im Stadtgebiet durch Fels

Die Hochschulstadt Freiberg in Sachsen, einst Hauptstadt des Silberbergbaus im Erzgebirge, wird südlich der Altstadt von der mehrgleisigen Bahnlinie Dresden – Chemnitz durchquert. Diese Bahnstrecke hat zwar viele Straßendurchlässe, für

Bild 9.50: Bohranlage 20 S bei und nach der Niederbringung der zweiten Bohrung

Bild 9.51:
Bohranlage 20 S bei und nach der Niederbringung der zweiten Bohrung

die Versorgungstechnik stellt sie dennoch eine Trennlinie im Stadtgebiet dar, da sie die Bebauung der Stadt in zwei Hälften trennt. So mussten von der Silberhofstraße aus 20-kV-Erdkabel unter dem Bahnkörper und unter einer benachbarten Bergehalde (Abraumgestein des Bergbaus) auf die Südseite der Bahnstrecke verlegt werden. Benötigt wurden zwei Leerrohre in PE-HD mit 160 mm Außendurchmesser. Der Versorgungsbetrieb entschied sich für zwei parallele, jeweils 138 m lange HDD-Bohrungen, die aufgrund einer Bergbauhalde zum Teil bis in 16 m Tiefe geführt wurden. Nahezu unter dem gesamten Stadtgebiet von Freiberg steht der sehr harte Freiberger Gneis an (bis 250 MPa), der zum Teil nur eine Verwitterungsüberdeckung von wenigen Dezimetern aufweist. Felsbohrungen waren gefragt, die mit einem Grundodrill 20 S und mit einem Grundorock 3 ¾"-Mudmotor, beginnend in einem Garagenhof, durchgeführt wurden.

Diese Bohrungen wurden jeweils mit einem 10"-Hole Opener in einem Arbeitsgang aufgeweitet. Beim Aufweiten wurde hinter dem Hole Opener ein Schleppgestänge eingezogen, hinter dem nochmals ein Backreamer befestigt war. Dieser Backreamer diente als Räum- und Reinigungs-Kopf für das daran angekoppelte Leerrohr. Für jede der beiden Bohrungen wurden bis zum Einzug der Leerrohre jeweils drei Arbeitstage benötigt.

(Bericht: R. Schrinner und H.-J. Bayer, Fotos: R. Schrinner)

9.16 Auf der Anthrazit-Zeche in Ibbenbüren

- Region: Ibbenbüren (westl. Teutoburger Wald), Anthrazit-Bergwerk der Dt. Steinkohle AG
- Gestein: Bergehalden (gebrochenes Festgestein mit großen Blöcken aus dem Bergwerk)
- Gesteinsdruckfestigkeit: völlig unterschiedlich
- Bohrungslänge: 3 × 56 m
- Enddurchmesser Bohrloch: 300 mm oder größer
- Verlegeprodukt(e): Stahlrohre des Bergwerkes zur Einbringung von Verfüllsanden
- Verwendeter HDD-Gerätetyp: Grundodrill 20 S
- Verwendete HDD-Bohrwerkzeuge: Grundorock 3 ¾"-Mudmotor, Aufweitköpfe

9.16.1 Bohrung zum Schacht durch Bergematerial

Ibbenbüren im Norden von Westfalen ist bekannt für sein Steinkohlebergwerk der besonderen Art. Hier wird Anthrazit gefördert, eine besonders hochwertige Form von sehr energiereicher Steinkohle, die zudem eine der tiefsten Schachtanlagen in Deutschland aufweist. Auch die Felsbohrung, die hier von der Deutschen Steinkohle AG für das Bergwerk benötigt wurde, war von der besonderen Art.

Bild 9.52: Förderturm des „Zielschachtes“

Eine der Schachtanlagen dient nur noch der Materialförderung. Drei Rohrleitungen für Füllsand, um stillgelegte Abbaue zu verfüllen, mussten in den Schacht ab einer Tiefe von 13 m bis zur benötigten Sohle eingebaut werden. Die Anbindung von Übertage

Bild 9.53: Bohranlage und Schacht in einer Sichtachse

aus sollte mittels dreier Bohrungen von 56 m Länge und einem gleichmäßigen Gefälle hin zum Schacht erstellt werden. Schacht-Tübbinge waren im Vorfeld an drei Stellen entfernt worden, so dass jeweils nur ein kleines „Fenster" als Ziel zur Verfügung stand. Diese zum Schacht geneigten Stahlrohre wurden als Einlassrohr zum Einblasen des Verfüllsandes benötigt. Die gesamte Schachtumgebung befand sich auf Bergematerial (ehemaliges Ausbruchmaterial) des Bergbaus. Sie bestand bis in die angefragte Teufe hinein nicht aus anstehendem Fels, sondern aus Felsstücken und großen Felsblöcken, die der Bergbau nach oben gefördert hatte. Eine Grundodrill 20 S wurde mit einem 3 ¾"-Mudmotor bestückt, mit dem sehr präzise die Bohrungen bis in die Schachtwandung hinein durchgeführt wurden. Nach mehreren Aufweitgängen konnten dann die Stahlrohre von außen eingeschoben werden. Heute wird kontinuierlich der Verfüllsand zur Sicherung ehemaliger Abbauräume durch diese Stahlrohre in den Schacht eingeblasen.

Bild 9.54: Ankunft des Bohrkopfes in der Schachtwandung

(Bericht: R. Schrinner und H.-J. Bayer, Fotos: R. Schrinner)

9.17 Querung einer Talenge im Nordschwarzwald

- Region: Enztal bei Simmersfeld, Nordschwarzwald
- Gestein: Oberer Buntsandstein
- Gesteinsdruckfestigkeit: bis 220 MPa
- Bohrungslänge: 144 m
- Enddurchmesser Bohrloch: 10" = 254 mm
- Verlegeprodukt(e): 3 × 90 mm PE-HD-Rohre für den Einzug von Stromkabeln
- Verwendeter HDD-Gerätetyp: Grundodrill 25 N
- Verwendete HDD-Bohrwerkzeuge: Grundorock 3 ¾"-Mudmotor, 10"-Hole Opener

9.17.1 Enge Kurve unter der Enz

Im Nordschwarzwald gibt es sehr viele enge Täler, die von Flüssen eingekerbt wurden. Diese Flusstäler bilden auch wichtige Verkehrswege, so dass sich dicht bewaldete Hanglagen, Straßen und Forstwege über dem wilden Flussgrund die Talenge teilen müssen. Wenn Versorgungsleitungen solch eine Talkerbe queren

Bild 9.55: Bohranlage 25 N im eingeschnittenen Waldweg

Bild 9.56: Ankunft des Bohrkopfes und Blick auf die Bohrtrasse

müssen, geht es in jeder Weise eng zu. Bei Simmersfeld mussten die Enz und eine Bundesstraße nahezu rechtwinklig gequert werden, um eine Stromleitung (bisher witterungsanfällige Freileitung) als Erdkabel verlegen zu können. Große Teile des Nordschwarzwaldes werden von einem sehr harten, rötlichen Sandstein geprägt, dem so genannten oberen Buntsandstein, der Druckfestigkeiten bis zu 240 MPa aufweisen kann. Gerade in engen Talabschnitten und unter dem Flussgrund steht dieser Sandstein zum Teil schon direkt in Form von Felsnasen an der Oberfläche an, in den Bereichen dazwischen und unter der Flusssohle ist er nach wenigen Zentimetern bis Dezimetern zu finden. Die Bauaufgabe für die 144 m lange HDD-Bohrung war sehr herausfordernd, zumal ein Höhenunterschied von 26 m über zwei Hangflanken bewältigt werden musste, wobei der Eintrittswinkel bei –40 % und der Austrittwinkel bei +70 % lagen. Drei Leerrohre in PE-HD 90 mm sollten in einem 10"-Bohrloch im Buntsandsteinfels Platz finden.

Allein die Aufstellung der Grundodrill 25 N-Bohranlage in einer engen und steilen Waldwegnische war nicht einfach und die enge Kurve unter der wilden Enz verlangte steuerungstechnisch ein Höchstmaß an Aufmerksamkeit. Der eingesetzte Grundorock 3 ¾"-Mudmotor mit einer Abwinkelung von 2,25° konnte seine besondere Kurvengängigkeit beweisen und erlaubte die Fertigstellung der Pilotbohrung innerhalb einer Tagesschicht.

Zwei weitere Tage wurden benötigt, um das Bohrloch mit einem 10"-Hole Opener aufzuweiten und das Rohr einzuziehen. Dabei wurde bei der Aufweitung ein Schleppgestänge mit eingezogen. Nach erfolgter Aufweitung musste nur noch an das bereits im Bohrloch befindliche Gestänge ein Backreamer und die einzuziehenden Rohre befestigt werden und der Rohreinzug konnte problemlos abgeschlossen werden. Das Erdkabel unter der Enz sorgt heute für eine sichere Stromverbindung, die weder durch Sturmschäden, Eislast, abgeknickte Bäume oder andere Witterungseinflüsse unterbrochen werden kann.

(Bericht: R. Schrinner und H.-J. Bayer, Fotos: R. Schrinner)

9.18 Dükerung der Eder in Hessen

- Region: Vöhl-Herzhausen, Dükerung der Eder, Nördlicher Kellerwald, Hessen
- Gestein: Schieferfels
- Gesteinsdruckfestigkeit: max. 140 MPa
- Bohrungslänge: 147 m
- Enddurchmesser Bohrloch: ca. 210 mm
- Verlegeprodukt(e): Leerrohr HD-PE 160 mm zur Aufnahme von Erdkabeln
- Verwendeter HDD-Gerätetyp: Grundodrill 15 N
- Verwendete HDD-Bohrwerkzeuge: Grundorock 2 7/8" und Hole Opener

9.18.1 Unter der Eder im Kellerwald

Flusstäler weisen häufig auch wichtige Verkehrswege auf, auch wenn der Fluss eine weite Talaue besitzt. In Vöhl im nördlichen Kellerwald in Mittelhessen musste im Ortsteil Herzhausen eine Stromleitung unter der Eder und unter einem stillgelegten Bahngleis verlegt werden. Die ruhige Lage hinter dem ehemaligen

Bild 9.57: Bohrgerät in Arbeitsposition und Ortung vom Boot aus auf der Hochwasser führenden Eder

Bild 9.58: Bohrgerät in Arbeitsposition und Ortung vom Boot aus auf der Hochwasser führenden Eder

Bahndamm nutzt heute ein beliebter Campingplatz. Die Trasse für die Erdkabellegung lag laut Erkundungsbericht in einer Wechselfolge aus Grauwacken und Schieferfels, wobei an einem Waldweg Schiefer sichtbar anstehend vorgefunden wurde. Der Stromversorger benötigte eine sichere Kabelverlegung unter der Eder und dem Bahngleis, somit auf eine Querungslänge von fast 150 m. Gewünscht war ein Schutzrohr in PE-HD 160 mm zur Aufnahme des neuen Erdkabels. Die Eder wurde daher mit einer Grundodrill 15 N, bestückt mit einem Grundorock 2 7/8"- Mudmotor, in einer Pilotbohrung unterfahren.

Durch Aufweitung mit einem Hole Opener konnte das Bohrloch auf über 210 mm aufgeweitet werden, so dass das gewünschte Schutzrohr als Abrollware eingezogen werden konnte. Die Eder führte zum Zeitpunkt der Bohrarbeiten Hochwasser, für die Ortung des Mudmotors unter der Flusssohle musste das Ortungsboot mit einem quer gespannten Seil gesichert werden. Innerhalb weniger Tage, bevor das Wasser der Eder noch höher steigen konnte, war die Bohrmaßnahme samt Rohreinzug beendet.

(Bericht: R. Schrinner und H.-J. Bayer, Fotos: R. Schrinner)

9.19 Im Erzgebirge durch Glimmerschiefer und Quarzit

- Region: Schwarzenberg im Erzgebirge
- Gestein: Glimmerschiefer und entfestigter Quarzit
- Gesteinsdruckfestigkeit: unbekannt, im anstehenden Quarzit war keine Sondierbohrung mehr möglich
- Bohrungslänge: Unterquerung aller Bahngleise im Bahnhofsbereich, 3 × 120 m
- Enddurchmesser Bohrloch: jeweils 12" = 304,8 mm
- Verlegeprodukt(e): 3 Leerrohre HD-PE da 200 mm
- Verwendeter HDD-Gerätetyp: Grundodrill 18 ACS
- Verwendete HDD-Bohrwerkzeuge: Pilotbohrung 6 ½"-Rollenmeißel mit TCI-Besatz
- Hole Opener mit 4"-Body und 10"-Cutter

9.19.1 Unter dem Bahnhofsareal von Schwarzenberg hindurch

Schwarzenberg liegt im mitten im Erzgebirge an der Bahnlinie von Zwickau über Aue nach Johanngeorgenstadt bis Karlsbad (Karlovy Vary). Im Bahnhofsbereich von Schwarzenberg waren sechs Bahngleise, zwei Bahnsteige, zwei Straßen und eine Böschung zu unterbohren, damit ein neues Gewerbegebiet hinter dem Bahnhof durch Erdkabel mit Strom versorgt werden kann. Durch die Ansiedlung einer Firma für Spritzgussteile lag ein erheblicher Strombedarf vor, der vor der Betriebseröffnung zu lösen war. Man entschied sich für drei parallele Felsbohrungen zu jeweils 120 m Länge, die in Leerrohren einzelne Adern einer Mittelspannungsversorgung aufnehmen sollten. In etwa 250 mm großen Bohrlöchern waren Leerrohre mit 200 mm Durchmesser einzuziehen. Der Baugrund unter den Gleiskörpern bestand zu 2 bis 3,3 m Tiefe aus tragfähigen Anfüllungen aus Quarzitbruch und Kies, darunter folgte angewitterter und dann anstehender Quarzglimmerschiefer und Quarzit. Die Bohrungen mussten schräg unter den Bahnkörper geführt werden, um den Höhenunterschied von 11 m zwischen den beiden Seiten des Bahnhofsgebietes bewältigen zu können.

Bild 9.59: Startbereich der Bohrung

Bild 9.60: Austritt des Bohrkopfes aus Glimmerschieferfels

Dies stellte sehr hohe Ansprüche an die verwendete Mess- und Ortungstechnik, da hier Tiefenlage mit teilweise bis 12 m Überdeckung, Bahnsteige sowie diverse Schienenstränge vorlagen.

Aufgrund großer Erfahrung und bester Referenzen wurde die Fa. Beermann, Niederlassung Zeitz, mit den Felsbohrungen beauftragt. Aufgrund der Auffüllungen unter den Gleisen, dem partiell angewittertem Glimmerschiefer im Untergrund, von festen, unverwitterten Partien und von Quarzit unterlagert, der aufgrund seiner Härte von Sondierbohrungen nicht mehr durchörtert werden konnte, entschied sich die Fa. Beermann für den Einsatz einer All Condition-Bohranlage von Tracto-Technik. Mit der Grundodrill 18 ACS wurden 6 ½"-Pilotbohrungen unter Verwendung eines Rollenmeißels mit TCI-Bestückung vorgenommen, die mit 10"-TCI-Cuttersatz eines 4"-Hole Openers aufgeweitet wurden.

Nach anschließendem Cleaning run konnten die Rohre mit minimaler Zugkraft problemlos eingezogen werden. Es gab keinerlei Bohrvortriebsprobleme und innerhalb von zwei Wochen wurde die gesamte Baumaßnahme zur vollsten Zufriedenheit aller an der Baumaßnahme Beteiligter bewältigt.

(Bericht: H. Stuke, R. Schrinner, H.-J. Bayer, Fotos: R. Schrinner)

9.20 Innerstädtische Felsbohrungen im Vogtland

- Region: Plauen im Vogtland, innerstädtische Bohrungen nahe der Weißen Elster
- Gestein: Diabase sowie Ton- und Alaunschiefer des Ordoviziums und Silurs
- Gesteinsdruckfestigkeit: teilweise bis 250 MPa
- Bohrungslänge: 2 × 400 m und 2 × 500 m
- Enddurchmesser Bohrloch: jeweils 608 mm
- Verlegeprodukt(e): jeweils 2 Bündel mit je 3 × 225 mm und 1 x 110 mm in HD-PE-Leerrohren zur Aufnahme von Einzeladern von jeweils 110-kV-Erdkabeln
- Verwendeter HDD-Gerätetyp: Prime Drilling 100-t-HDD-Anlage
- Verwendete HDD-Bohrwerkzeuge: 6 ¾"-Mudmotor mit 8 ½"-Rollenmeißel, verschiedene Hole Opener, Endaufweitung 608 mm

9.20.1 Hochspannung unter der Erde in Plauen

Großbohrtechnik innerhalb einer Stadt oder die kürzeste Verbindung zwischen zwei Punkten ist fast eine Gerade. Zwei Umspannwerke in Plauen sollten zur Erhöhung der Versorgungssicherheit für die Stadt Plauen eine Hochspannungsverbindung erhalten.

In der Realisierungsplanung wurde mit einer Hochspannungsfreileitung um die Stadt herum kalkuliert. Innerhalb dieser Planungen wurde von der Firma SAG Chemnitz in Zusammenarbeit mit der Firma Beermann Bohrtechnik, Zeitz, eine alternative Leitungsführung erarbeitet und vorgeschlagen.

Diese Alternative soll sich durch Kostenneutralität in der Herstellung, höherer Betriebssicherheit der erstellten Leitungstrasse und geringeren Unterhaltskosten im Betrieb auszeichnen. Die Kostenneutralität soll durch die Erdkabelverlegung in möglichst direkter Verbindung der beiden Umspannwerke erreicht werden.

Zur Umsetzung der alternativen Trassenvariante ist gleich eine ganze Reihe von Punkten zu berücksichtigen. Die städtische Infrastruktur und die geologischen Verhältnisse sind aus Sicht der Horizontalbohrung die beiden wichtigsten Faktoren. Für den Kabelbauer sind noch sehr viele zusätzliche Punkte wichtig. Die

Bild 9.61: 100-t-Prime Drilling-Bohranlage am Startpunkt nahe dem Umspannwerk 1

armdicken Hochspannungserdkabel pro Phase für eine Spannung von 110 kV werden erst mit Auftragserteilung produziert. Ihre Maximallängen werden durch Trommelgröße und Gewicht für den Transport beschränkt. Da beide Umspannwerke in der Nähe der Weißen Elster liegen, führt auch die Verbindungstrasse nahe an ihr entlang.

Das erste Hindernis für die alternative Trasse innerhalb der Stadt Plauen stellte die Syra, ein Zulauf der Weißen Elster, und ein von ihr abgezweigter Kanal, der Mühlgraben, dar. Diese beiden Wasserläufe sind schon seit langer Zeit im Bereich des Stadtzentrums unterirdisch verlegt. Beide treten erst kurz vor der Weißen Elster und genau im Trassenbereich zu Tage.

Nicht nur, dass sie dort gemeinsam ans Tageslicht treten, die beiden Wasserläufe kreuzen sich in diesem Bereich. Der Mühlgraben wird in einem Trogbauwerk über die Syra geführt.

Die Weiße Elster hat ihr Bett im Laufe ihrer Geschichte schon einige Meter tief in den felsigen Untergrund gegraben und auch ihre Zuläufe weisen eine entsprechende Tiefe auf. Im Anschluss an die Wasserläufe muss die Trasse unter einer Straße mit zwei Spuren in jede Richtung und dazwischen liegender zweispuriger Straßenbahn hindurch verlegt werden.

Bild 9.62: Bohranlage beim Aufweiten

Geologie:

Die nötigen umfangreichen geologischen Untersuchungen der Firma Hallbauer ergaben, dass die Bohrungen annähernd vollständig durch Ton- und Alaunstein verlaufen werden. Diese Formationen werden von Quarzeinlagerungen im Dezimeterbereich unterbrochen. Im Zuge der Aufschlussbohrungen zur Geologie wurden auch Peilbrunnen zur Kontrolle des Grundwasserstands eingerichtet. Sollten im Verlauf der Bohrungen Grundwasserleiter oder Klüfte angebohrt werden, können diese auch Einfluss auf den Grundwasserstand nehmen und eventuell Gegenmaßnahmen erfordern. Diese Maßnahmen wurden im Vorfeld mit dem Geologen und der unteren Wasserbehörde besprochen und festgelegt.

In unmittelbarer Nähe zum Trassenverlauf wurde über die Jahrhunderte, wie im gesamten Gebiet, auch immer unterirdischer Erzbergbau in kleinerem Stil betrieben. Um die bekannten Stollen in den Untersuchungen und Planungen berücksichtigen zu können, wurden die Unterlagen des Bergamtes Freiberg zur Hilfe genommen.

Aufgrund der Geologie wurde für die Bohrungen die 100-t-Bohranlage der Firma Beermann ausgewählt. Mit dieser Bohranlage können die nötigen Drehmomente und Zugkräfte sicher aufgebracht werden.

Bild 9.63: Gestängereinigung beim Aufweiten

Zur Erstellung der Pilotbohrung wurde für die Ortung die Firma Drillguide aus Holland mit ihrem Laserkreiselsystem geholt. Dieses System ist für Einsätze in urbanen Gebieten die Spitzenbesetzung (allerdings durch ihre Baugröße erst ab 3,5"-Bohrgestängeverbinder). Diese Ortung benötigt keine Kabel an der Oberfläche der Bohrung, um die Position zu bestimmen bzw. zu kontrollieren und lässt sich nicht durch Magnetfelder aus Stromkabeln oder magnetischen Leitern wie Stahl- oder Gussrohre und eventuellen Schutzströmen auf diesen beeinflussen. Als Bohrwerkzeug kamen nur Felswerkzeuge in Frage. Für die Pilotbohrung wurde ein 6 ¾"-Mudmotor mit 8,5"-TCI-Rollenmeißel eingesetzt. Für die Aufweitungen wurden Hole Opener mit TCI-Rollen (Cutter) eingesetzt. Der anstehende Fels in Verbindung mit den Quarziteinlagerungen bildete in immer wiederkehrenden Abschnitten nicht nur eine hohe Druckfestigkeit, sondern auch ein sehr abrasives

Bohrklein. Die Lebensdauer der Rollenmeißel und der Cutter an den Hole Openern war auf eine Bohrung (Pilot, Räumgang) beschränkt. Auch wurden die Siebbeläge der Recyclinganlage zur Aufbereitung der Bohrspülung immer wieder schnell verschlissen und mussten ausgetauscht werden. Die neu aufgetragene Verschleißpanzerung der Verbindungsmuffen der Bohrgestänge wurde im Laufe der Bohrungen auf ihr Mindestmaß abgearbeitet. Von der Belastung für die Gruben- und Zyklonpumpen ganz zu schweigen.

Innenstadt:

Die erste Doppelbohrung: Eine Straßenkreuzung mit angrenzendem Parkplatz hatte die ausreichenden Abmessungen um das 100-t-Bohrgerät der Firma Beermann aufstellen zu können. Immerhin wird der Platz für ein Equipment benötigt, das auf sieben Lastzügen antransportiert wird und mit ausreichend Abstand aufgebaut werden muss, um einen Betrieb der einzelnen Komponenten gewährleisten zu können. Zusätzlicher Platz wird für die Lagerung des Bohrguts aus dem Bohrloch benötigt. Natürlich bedeutet die Sperrung einer Kreuzung und eines Parkplatzgeländes, noch dazu innerhalb eines Stadtzentrums, einen erheblichen Eingriff in die Straßeninfrastruktur. Doch gibt es keine Alternative, die offene Verlegung von sechs Rohren d_a 225 mm und zwei Rohren d_a 110 mm mit 1,2 m Deckung und entsprechendem Bodenaushub innerhalb des städtischen Leitungsbestands ist nicht ohne noch größere Eingriffe in den Straßenverkehr umzusetzen. Denn auf den bis zu 0,5 km langen Bohrstecken zwischen den Start- und Zielgruben konnten die Straßen zu 99 % wie gewohnt benutzt werden. Straßenkreuzungen bedeuten auch immer Leitungskreuzungen. Wenn der Aufstellungsort bestimmt ist, muss auch der passende Einstichbereich mit Spülungsgrube für eine Doppelbohrung und einer jeweiligen Endaufweitung von 608 mm gefunden werden. Hier muss die Möglichkeit bestehen, alle Versorgungsträger in sicherem Abstand in ihrer Tiefenlage zu kreuzen oder in Abstimmung mit Ihnen eventuell mögliche oder nötige Umlegungen vorzunehmen. Ebenso muss das Widerlager für das Bohrgerät zur Aufnahme der Zug- und Schubkräfte so ausgebildet sein, dass es seiner Aufgabe gerecht wird und die Versorgungsleitungen in diesem Bereich nicht beschädigt werden. All dies gilt ebenso für den Zielbereich der Bohrungen. Auch hier ist Platz erforderlich für den Bohraustritt mit anschließender Aufweitung, die Zielgrube (Spülungsgrube), das Nachziehgestänge, den LKW mit Ladekran und Tieflader.

Bild 9.64: Innerstädtisches Arbeiten: Der Verkehr fließt am Bohrplatz vorbei

Geschichte:

Die frühe Industrialisierung führte zu einer frühen unterirdischen Infrastruktur mit Wasser-, Abwasser-, Gas-, und Stromleitungen, von denen noch heute viele in Betrieb sind und ihren 100-jährigen Geburtstag schon gefeiert haben.

Die Industrie machte die Stadt im Zweiten Weltkrieg zu einem häufigen Ziel alliierter Bomber mit einer großen Zerstörung innerhalb der Stadt, die auch heute noch trotz aller großen Anstrengungen ihre Narben im Stadtbild hinterlassen haben. Nach dem Krieg wurde wie überall das Leitungsnetz repariert und nicht neu verlegt. Das Alter und die Belastungen aus der Vergangenheit lassen nur einen sehr sensiblen Umgang mit den alten Rohrleitungen zwischen den auch zahlreich neu verlegten zu. Unterlagen zur genauen Lage der alten Leitungen haben den Weg durch die Geschichte zum Teil nicht geschafft. Entsorgungsleitungen wurden durch Kamerabefahrungen inspiziert, um eventuell vorhandene Schäden zu erkennen und alte Hausanschlüsse zu finden, die von Gebäuden aus der Zeit vor dem Krieg stammen und an deren Stelle sich heute Baulücken befinden oder auch „Parkplätze“ mit Platz für eine Bohranlage.

Die bis hierhin dargestellten Verhältnisse führten in der Ausführung bei den bis jetzt erstellten vier Parallelbohrungen mit dem 100-t-Bohrgerät (Zugleistung), zu Bohrtiefen von ca. 20 m und Bohrlängen von ca. 2 × 400 m und 2 × 500 m. Bei zwei Bohrungen ergab sich die Bohrtiefe aus der Tiefe, in der die Hindernisse unterfahren werden mussten (Syra/Mühlgraben), und bei den anderen beiden Bohrungen aus dem Umstand, einer 30°-Kurve in einer Straße zu folgen und am Ende der Kurve mit 13° auszubohren. Für diese extreme Raumkurve musste auch der Steuerwinkel des Mudmotors vor Ort geändert werden.

Kabelschutzrohre:
Für die Schweißer ist es ebenfalls eine besondere Herausforderung, Rohrstrecken pro Rohreinzug von bis zu 3 × 500 m d_a 225 mm und 1 × 500 m d_a 110 mm auf relativ kleinem Raum innerhalb der Stadt zu schweißen und vorzustrecken, ohne den Verkehr zu behindern.

Die Rohre wurden auf einer zentralen Freifläche von ca. 100 × 80 m zwischen den Bohrungen der 100-t-Bohranlage in Einzellängen von bis zu 250 m in einem großen U vorgestreckt und nebeneinander gelagert. Der Rohreinzug in die jeweils aufgeweitete Bohrung konnte immer nur am Wochenende stattfinden, da hierfür die betreffende Straße voll gesperrt werden musste, um die dort liegenden Betriebe usw. werktags nicht zu blockieren. Die Einzellängen wurden vom

Bild 9.65: Bohrgestängebestückung an der Zielgrube 1

Schweißplatz heraus auf die Straße gezogen und dann mit Schweißmuffen zum kompletten Rohrstrang verbunden und zur Zielgrube vorgezogen. Um den Rohrstrang innerhalb des Straßenbereichs um Verschwenkungen zu führen, wurden an all diesen Positionen ein oder mehrere Hebegeräte zur Strangführung positioniert.

Die Bohrspülung :
Während der dritten von vier Bohrungen mit der 100-t-Bohranlage kam es 70 m vor Aufweitende zu einem langsamen Spülungsverlust im Rückfluss der Bohrspülung. Geologen stellten anhand von zusätzlichem, altem Kartenmaterial relativ schnell fest, dass der betroffene Bereich der Bohrung in einem Abschnitt liegt, der vor langer Zeit einmal das alte Bett der Weißen Elster war. Das alte Flussbett wurde damals mit Schutt und allem Möglichen verfüllt. Unter Auflagen wurde erlaubt, die Aufweitung ohne kompletten Bohrspülungsrückfluss fortzusetzen. Die Hohlräume im verfüllten Bereich des alten Flussbetts waren jetzt zusätzlich durch Bohrspülung aufgefüllt. Es wurde ein zweites Räumwerkzeug mit gleichem Durchmesser vor der Bohranlage montiert und die verbleibenden 70 m der 500 m langen Aufweitung wurde vom Bohrgerät aus rückwärts aufgeweitet. Dann konnten beide Räumwerkzeuge in Richtung Bohranlage rausgezogen werden, ohne dass weitere Bohrspülung verloren ging oder verpresst wurde. Alle vier, bis zu 20 m tiefen Felsbohrungen wurden in optimaler Richtungsgenauigkeit durchgeführt.

Anzumerken ist, dass es aufgrund der sorgfältigen Planung, der genauen Auswertung sämtlicher Unterlagen von Versorgern und Behörden zu keinerlei baulichen Schäden an Leitungen, Gebäuden und Straßen kam. Dies ist schon sehr beachtlich.

Fazit: Durch gute Zusammenarbeit mit Auftraggeber, Versorgern, Behörden sowie der Stadt Plauen unter Federführung der örtlichen Bauleitung wurden anstehende Probleme, Fragen und weitere unvorhersehbare Hindernisse schnell, unbürokratisch und vor allem gemeinsam im Interesse des Erfolges gelöst.

(Bericht: H. Oltmanns und H. Stuke, Beermann Bohrtechnik GmbH, Niederlassung Zeitz; Fotos: H. Stuke)

9.21 Im Kalkgestein der Fränkischen Alb

- Region: Mittlere Fränkische Alb bei Beratzhausen nahe Regensburg
- Gestein: Kalkfels des Oberen (Weißen) Jura
- Gesteinsdruckfestigkeit: bis 180 MPa
- Bohrungslänge: 100 m und 111 m
- Enddurchmesser Bohrloch: jeweils 10" = 254 mm
- Verlegeprodukt(e): Leerrohre HD-PE 160 mm und 50 mm (Bündel) zur Aufnahme von Stromleitungen und Datenleitungen
- Verwendeter HDD-Gerätetyp: Grundodrill 18 ACS
- Verwendete HDD-Bohrwerkzeuge: 6 ¾"-Rockbreaker-Bohrkopf, 10"-Felsräumer

9.21.1 Windstrom unterquert eine Autobahn

Beratzhausen liegt nordwestlich von Regensburg in der Kalkfelslandschaft der mittleren Fränkischen Alb. Dort waren eine Straßenunterbohrung und eine Auto-

Bild 9.66: Unterbohrung der autobahnparallelen Straße

Bild 9.67: Standort der 2. Bohrung. Der Aushub aus der Startgrube und die anstehende Felswand im Hintergrund indizieren schon die Untergrundbedingungen

bahnunterbohrung für den Ausbau des Windkraftstromnetzes zu erstellen. Zu verlegen war ein PE-HD-Rohrbündel mit d_a 160 und d_a 50-Rohren. Die Straßenquerung hatte 100 m Länge, die Autobahnquerung 111 m. Die Verlegetiefe bei beiden Bohrungen lag bei ca. 8 m. Vom Umfeld und von den Rahmenbedingungen waren dies keine spektakulären Bohrungen. In dem harten Kalksteinboden mit Felsbrocken und anstehendem Fels hatte der Grundodrill 18 ACS keinerlei Durchdringungsprobleme, sondern durchfuhr den Verwitterungsboden, den Kalkschutt und Kalkfels in Rekordzeit. Die hohe Bohrgeschwindigkeit resultiert aus den Konstruktionsbesonderheiten des Doppelbohrgestänges. Jede Bohrung benötigte inklusive einer Aufweitung mit dem 10"-Hole Opener und dem Rohreinzug nur anderthalb Tage. Beim Grundodrill 18 ACS treibt das Innenrohr den Bohrkopf mit dem Rollenmeißel an. Das Innenrohr überträgt dabei verlustfrei ein maximales Drehmoment von 2.500 Nm bis 350 U/min^{-1} direkt auf den Bohrkopf. Hinzu kommt eine beachtliche Schub- und Zugleistung von mehr als 18 t (18,3 kN). Der 1,80 m lange Rockbreaker ist mit dem Außenrohr verbunden und steuert unabhängig vom Innenrohr das um 1,75° abgewinkelte Gehäuse. Beim Aufweiten steht ein Drehmoment bis 7.500 Nm und die volle Spülungsmenge zur Verfügung. Die Innenrohre werden mit Elicon-Steckdrehverbinder einfach, schnell und sicher verbunden. Auch hieraus resultiert im Bohrbetrieb eine respektable Zeitersparnis.

(Bericht: J. Schmidt, R. Schrinner und G. Naujoks; Fotos: J. Schmidt)

10.
HDD-Felsbohr-Literatur und -Hinweise

10.1 Veröffentlichungen Felsbohrtechnik und HDD-Felsbohrtechnik

ALLIQUANDER, Ö. (1968, Nachdruck 1986): Das moderne Rotarybohren. – 437 S., VEB Dt. Verlag für Grundstoffindustrie, Leipzig.

ADINOLFI, L. (2006): HDD im Grenzbereich – Kreuzung des Flusses Ticino. – bi Umweltbau, 6/2006, S. 16–18, Kiel.

ARNOLD, W. (Herausg., 1983): Eroberung der Tiefe. – 203 S., Prisma-Verlag, Gütersloh.

ARNOLD, W.: Flachbohrtechnik, S. 968, Leipzig/Stuttgart: Deutscher Verlag für Grundstoffindustrie, 1993.

ASCE (2005): Pipeline Design for Installation by Horizontal Directional Drilling. – ASCE Manuals and Reports on Engineering Practice No. 108, 67 p, Reston, Virginia.

ASME (2005): Drilling Fluids Processing Handbook. – 666 p., Elsevier Inc., Burlington, USA.

AUSTRAL. DRILLING INDUSTRY (1997): Drilling – The Manuel of methods, Applications, and Management. – 615 p., Austral. Drill. Ind. Training Committee Limited. CRC Press, Boca Raton, FL, USA.

BAKER, R. (2001): A Primer of Oilwell Drilling. – 6th Ed., 192 p., PETEX (Petroleum Extension Service, The University of Texas, Austin) and IADC (Int. Association of Drilling Contractors, Houston, TX).

BALLENTIJN, O. (2009): The increasing role of gyromapping in the HDD Process. – 14th DCA-Europe Annual Congress, Strasbourg.

BAYER, H.-J., KOCH, E. (2003): Felsbohrtechnik mit hochleistungsfähigen und spülungsarmen Mud-Motoren. Iro-Schriftenreihe Bd. 27, S. 644–655, (Vulkan-Verlag), Essen.

BAYER, H.-J. (2005): HDD-Praxis-Handbuch, 196 S., Vulkan-Verlag, Essen.

BAYER, H.-J. & HARER, U. (2006): HDD-Felsbohren – Gesteuerte Bohrungen im Fels. – tis 1–2/2006, Gütersloh.

BAYER, H.-J. & BANDERA, G. (2007): HDD applications in pipeline Projects in Europe, 3R Int. Special 2/2007, p. 75–81, Vulkan-Verlag, Essen.

BAYER, H.-J. & BUNGER, S. (2008): 1000 m HDD-Felsbohrung am Steilhang im Erdbebengebiet. 3R Int. 47, Nr.1/2008.

BAYER, H.-J. & POWELL, B. (2008): Entwässerung rutschungsgefährdeter Hänge mit Horizontalbohranlagen (HDD-Verfahren).- 6. Kolloquium „Bauen in Boden und Fels", S. 323–333, Technische Akademie Esslingen, Ostfildern.

BAYER, H.-J. (2010): Bergdurchbohrungen für den Pipelinebau in Felsregionen und Anlandungsbohrungen unter Küstenzonen. – Felsbaumagazin 2010, Heft 1: S. 38–46, Essen.

BAYER, H.-J. (2011): Tunnelnachrüstungen und Tunnelverbesserungen mit dem HDD-Verfahren. – Felsbaumagazin 2011, Heft 4, Essen.

BAYER, H.-J. (2011): Drilling through the mountains: Hard rock HDD. Int. No-Dig 2011, Paper 1-B-05, 29th Conf., Berlin.

BAYER, H.-J. (2012): Bohrvortriebe im Fels – welche Kurvenradien sind möglich – und wie geht es exakt geradeaus? – 8. Kolloquium „Bauen in Boden und Fels", S. 127–135, Technische Akademie Esslingen, Ostfildern.

BC Hydro (2011): Powering the west coast (HDD for 230 kV-cables in Vancouver). – Trenchless Int., Oct. 2011, Melbourne.

BENZ, Th. (2006): Hangsicherung durch Hangentwässerung mittels verlaufsgesteuerter Horizontalbohrtechnik. - 5. Kolloquium „Bauen in Boden und Fels", S. 107–117, Technische Akademie Esslingen, Ostfildern.

BILLIG, D. (2011): Guidance systems: Magnetic systems. – Session F, Deltares Academy, Delft.

BOHLSEN Ingenieure (2007): Trinkwasser für Trais. – bi Umweltbau 5/2007, S. 29–30, Kiel.

BOIVIN, R. & HAIR, J. (2006): Horizontal Directional Drilling – Potential Applications on the Mackenzie Gas Project. – PP Presentation at MGP HDD Workshop, Calgary, Alberta.

BOND, J. (2011): Paratrack. – UCT 2011 Proceedings, Track VIII, PP-Presentation, Houston, TX.

BOND, R. (2011): Wireline. – UCT 2011 Proceedings, Track VIII, PP-Presentation, Houston, TX.

BORRAS, R., den BRAVER, B. & LUNDBERG. J. (2005): Schaktfritt ledningsbyggande. – Praktisk Handbok. Styrud AB, 136 p., Göteborg.

CAPP (Canadian Association of Petroleum Producers, 2004, 2nd rewiev 2009): Planning Horizontal Directional Drilling for Pipeline Construction (Guideline). – 82 p., Calgary, Alberta.

CANON, F. (2011): Drilling Fluids. – Session I, Deltares Academy, Delft.

De BRUIN, J.J. & v. HINÜBER, E.L. (2006): Most accurate drilling guidance by dead-reckoning using high precision optical gyroscopes. – Int. No-Dig 2006, Proc. 24th Conf., Brisbane, Australia.

CLARKE, I. & PELLERIN, D. (2006) : Giant Caspian Pipeline completed with HDD Technology. – Trenchless Technology, Peninsula, OH.

DCI (Digital Control Inc., 2007–2011): Beschreibungen und Technische Daten von Richtbohrortungssystemen: Mark III, Mark V, Eclipse, F2, F5. – Kent, Washington.

DONG, J. & BAYER, H.-J. (2006): Special Mudmotors for HDD applications. – Int. No-Dig 2006, Proc. 24th Conf., Brisbane, Australia.

ELBE, L. & BAYER, H.-J. (Herausg. 2010): Bohrspülungen für HDD- und Geothermie-Bohrungen; IRO-Bd. 26, Inst. für Rohrleitungsbau Oldenburg, 273 S., Vulkan-Verlag, Essen.

EMMEN, T. (2011): Guidance systems: Walkover systems and wireline systems. – Session F, Deltares Academy, Delft.

FENGLER, E.G. & BUNGER, S. (2007): Grundlagen der Horizontalbohrtechnik (Herausgeg.: Wegener, T.), Iro-Schriftreihe Nr. 13, Essen: Vulkan-Verlag.

FOSTER, R. (2009): Auger boring through hard rock: overcoming the challenge. – Trenchless International, April 2009, Melbourne.

GAHAN, B.C. (2006): Perforating with Lasers: Are You Ready for the Power of Light? – SPE Distinguished Lecturer Program. PP-Presentation.

GASVERBUND MITTELLAND AG (2005): Gemeinde Reigoldswil – Umlegung der Erdgasleitung. Projektbericht, 5 p., Arlesheim, Switzerland.

GLOTH, H. (Herausg., 1986): Tabellen Bohrtechnik. – Bergakademie Freiberg.

HAGEMEYER, C. (2008): Doppelkopfbohren in der Umwelttechnik. – VDBUM-Seminarband, S. 90–94, Stuhr bei Bremen.

HAMERS, M., SCHAUERTE, Th. & BAYER, H.-J. (2010): High-Tech in HDD-Anlagen – Technischer Generationensprung. – bi Umweltbau, 1/2010, S. 32–35, Kiel.

HASHASH, Y. & JAVIER, J. (2011) Evaluation of Horizontal Directional Drilling (HDD). – Illinois Center for Transportation, Research Report ICT-11-095.

HOBOHM, St. et al. (2011) : Grabenlose Einbauverfahren mit duktilen Gussrohren. – 125 S., Fa. DUKTUS Rohrsysteme Wetzlar.

ICOTA (2005): An Introduction to Coiled Tubing – History, Applications and Benefits. – 32 p., Int. Coiled Tubing Association, Longview, TX, USA.

JAGUTTIS, T., JAGUTTIS, J. & KÖGLER, R. (2007): Qualitätssicherungssysteme für großkalibrige Horizontalbohrungen. – bi Umweltbau, 1/2007, S. 24–27, Kiel.

JARDIM, J.E. & PELLERIN, D. (2009): Gneiss and Waves: A Shore Approach in Brazil. – 14th DCA-Europe Annual Congress, Strasbourg.

KNOPF, O. (2008): 56" Pipelineverlegung erstmals jenseits der 1000 m. – bi Umweltbau, 1/2008, S. 34–37, Kiel.

KÖHRMANN, F. (2009): Vom konventionellen Richtbohren bis hin zu vollautomatischen Steuersystemen. – Fachtagung „Geothermische Bohrtechnik" im Versuchsstollen Hagerbach, Schweiz.

KUHN, W. (2011): Kudepsta Shore Crossing – Gas for Olympia 2014. – 16th DCA-Europe Annual Congress, Usedom.

LEVINGS, R. & GUNSAULIS, F. (2006): An overview od horizontal directional drilling in rock. – Int. No-Dig 2006, Proc. 24th Conf., Brisbane, Australia.

LÜBBERS, H. (2011): www.documentation.erf – Powerpoint-Präsentation über die erforderliche Dokumentation bei HDD-Projekten. – DCA/RBV – Weiterbildungsseminar, Kassel.

MASSELLA, N. (2010): HDD successfully used for challenging rock drilling at Riva del Garda. – Report Trenchless Techn. Italia s.r.l, Arbizzano.

MAX WILD GmbH (2005): Firmenpräsentation 50 Jahre Max Wild (inkl. Baustellenberichte). – Illerbachen-Berkheim, Germany.

MAX WILD GmbH (2011): Max Wild setzt auf ökologisches Bohren. – bi Umweltbau 6/2011: S. 30–32, Kiel.

NAUJOKS, G. (2007): Mit Spülbohrtechnik durch den Fels – Fernwärmenetzausbau in Solingen. – bi Umweltbau, 5/2007, S. 26–28, Kiel.

NAUJOKS., G. (2007): Stromversorgung unterirdisch sicher. – bbr 10/2007, S. 52–53, Bonn.

NAUJOKS, G. (2008): Ein Fall für Meier und Meyer: Anspruchsvolle HDD-Bohrung im Fels. – Baustellenreportage, Tracto-Technik GmbH & Co KG, Lennestadt.

NAUJOKS. G. (2011): Erdverkabelung im Fels unter ICE-Strecke, Autobahn und Landstraße. - Baustellenreportage, Tracto-Technik GmbH & Co KG, Lennestadt.

NAUJOKS, G. (2011): Bohrung im Steilhang. - Baustellenreportage, Tracto-Technik GmbH & Co KG, Lennestadt.

OLTMANNS, H. & STUKE, H. (2009): Precision Landing with a Laser Gyro. – bi Umweltbau 3/09, Kiel.

PLINNINGER, R.J. (2007): Geotechnische Einflüsse auf den Werkzeugverschleiß beim Bohren in Festgestein. – 58. Berg- u. Hüttenm. Tag, Kolloquium 4: Innovative Bohrtechnologien, 15 S., TU Freiberg.

PRIME-DRILLING GmbH (2011): Bohrgeräte und Zubehör-Informationen. – Wenden bei Olpe.

RAMEIL, M. (2010): Rohrleitungserneuerung mit Berstverfahren. – 2. Aufl., 376 S., Vulkan-Verlag, Essen.

REICH. M. (2004): Die faszinierende Welt der Bohrtechnik. Produkte von Baker Hughes und ihre Funktion. – 79 S., Baker Hughes, Celle.

ROSCHER, H. & RICHTER, B. (2009): Vorteile der grabenlosen Bauweise im Druckrohrbereich – Ergebnisse des RSV-Arbeitskreises. – IRO-Band 33, Oldenburg, Vulkan-Verlag, Essen.

SAUER, F. & HERMSMEIER, M. (2010): HDD-Querung der A 44 in Ratungen. – bi Umweltbau, 5/2010, S. 38–40, Kiel.

SEAMANS, J. (2011): Pipeline Dry Crossing Solution for Hydrophobics – 2 ultra long HDDs 3930 m across Solent. – 16th DCA-Europe Annual Congress, Usedom.

SEAMANS, J. (2011): Erweiterung der Grenzen von HDD. – bi Umweltbau, 3/2011, S. 20–22, Kiel.

SIELER, U. (2006): Grabenlose Querung von Gewässern und Wasserstraßen. – die Flussmeister 2006, S. 44–49, Würzburg.

STEIN, D. (2003): Grabenloser Leitungsbau, 1144 S., Ernst & Sohn, Berlin.

STOELINGA, J. (2011): Guidance systems: Gyro systems. – Session F, Deltares Academy, Delft.

THURO, K. & PLINNINGER, R.J. (2002): Geologisch-felsmechanische Aspekte der Gebirgslösung im Tunnelbau: Bohren, Sprengen, Fräsen. – 3. Kolloquium „Bauen in Boden und Fels", S. 1–18, Technische Akademie Esslingen, Ostfildern.

TRACTO-TECHNIK GmbH (Hrsg., 2005): Der Felsbezwinger. Informationsschrift Tracto-Technik, 16 S., Lennestadt.

TRACTO-TECHNIK GmbH & Co KG. (Hrsg., 2008): Horizontal-Spülbohrungen – Intelligent gelöst. Booklet, 95 S., Lennestadt.

TRACTO-TECHNIK GmbH & Co KG. (2012): Der neue Grundodrill 18 ACS (All condition system). – Tractuell 46/12, S. 4–6, Lennestadt.

Van der WERFF, H. (2011): Horizontal Directional Drilling – dealing with the challanges. State of the Art developments. – Session P, Deltares Academy, Delft.

WILLOUGHBY, D. A, (2005): Horizontal Directional Drilling. Utility and Pipeline Applications. – McGraw-Hill, Civil Engineering, 393 p., New York.

WIRTH Gruppe (2004): Bohrtechnisches Handbuch. – 5. Aufl., 474 S., Wirth Maschinen- und Bohrgeräte-Fabrik GmbH, Erkelenz.

Zu EULENBURG, A. (2011): Bohren aus der Steckdose. – bi Umweltbau, 4/2011, S. 26–28, Kiel.

Zur LINDE, L. (2010): Grabenlose Vortriebstechnik für Sea Outfalls. – bi Umweltbau, 3/2010, S. 24–30, Kiel.

10.2 Dokumentation von Verbänden, Technische Regeln

DCA (Verband Güteschutz Horizontalbohrungen) (2007): Horizontal Directional Drilling – technische Richtlinien des DCA, 3. Aufl., 113 S., Aachen.

DVGW-Regelwerke (Arbeitsblätter und Merkblätter) zu diesem Thema: GW 321, GW 323, GW 325 und GW 329.

GSTT-Information Nr. 8: Baum- und Bodenschutz (März 1999).

GSTT-Information Nr. 11: Kostenvergleich offener und geschlossener Bauweisen – direkte und indirekte Kosten im Leitungsbau (3. Aufl., Dez. 2011).

GSTT-Informationen (Jahrbuch, Jan. 2012): Bd. 1: Technik & Bd. 2: Ökologie & Ökonomie, Berlin.

10.3 Weiterführende Internetadressen

www.nodig-bau.de
www.nodig-construction.com
www.dca-europe.org
www.baufachinformation.de
www.bi-umweltbau.de
www.bohrmeisterschule.de
www.digitrak.com
www.directionalboringcentral.com
www.drillguide.com
www.gstt.de
www.hdd-bohrzubehoer.de
www.iadc.org
www.imar.de
www.inrock.com
www.istt.com
www.ludwig-freytag.de/lmr-drilling
www.mincon.com
www.prime-horizontal.com
www.radiodetection.com
www.spe.org
www.tbt.tu-freiberg.de
www.trenchlessonline.com
www.tu-clausthal.de
www.undergroundconstructionmagazine.com

11.
Anhang

11.1 Arbeitstabellen Felsbohren

Die hier beigefügten Tabellen mögen bei der Auswahl von Bohrsystemen und Bohrwerkzeugen helfen. Sie basieren auf jahrelangen Erfahrungen, sind jedoch subjektiv erfasst und haben keine haftende Gültigkeit.

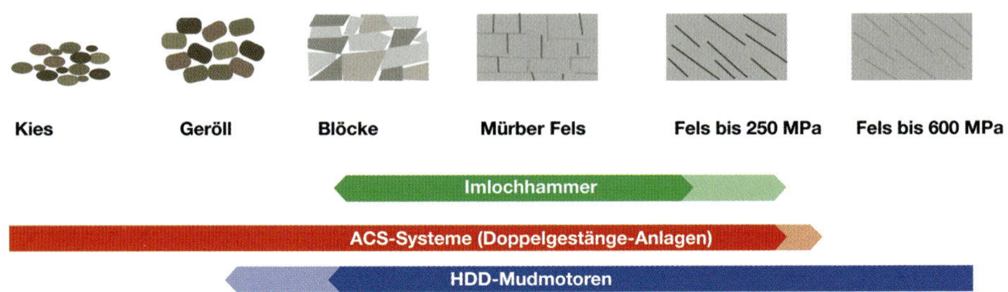

Bild 11.1: Bohrsystemauswahl nach Geologie

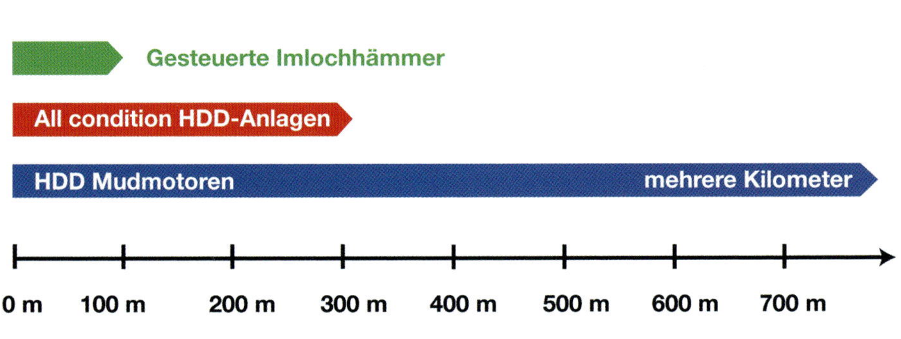

Bild 11.2: Bohrlängen bei Felsbohrsystemen

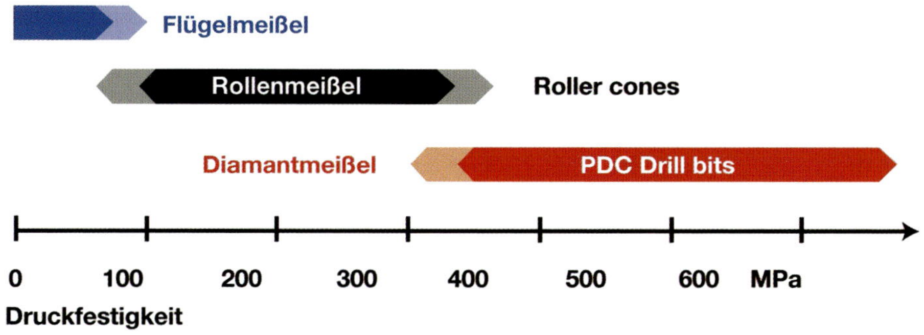

Bild 11.3: Empfehlung für die Bohrkopfauswahl

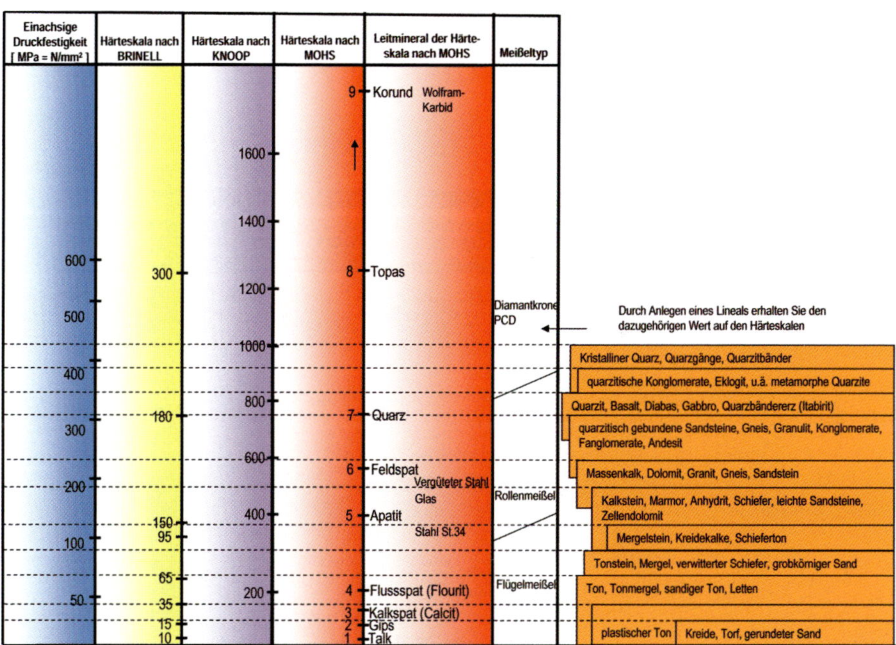

Bild 11.4: Arbeitstabelle Felsbohren

11.2 Hersteller der Ortungssysteme

Ortungssysteme werden i.d.R. nicht von den Bohrgeräteherstellern produziert, sondern von Ortungstechnik-Firmen zugeliefert. Der Bohrgerätebetreiber hat somit die Wahl, welches Ortungssystem er beziehen und betreiben möchte. Mit zunehmender Ortungsgenauigkeit nehmen jedoch auch die Ortungskosten logarithmisch zu. Während diese beim Walk-Over-System bis zu 10 % der Bohrgerätekosten beinhalten können, können Gyroskop-Lösungen schon mit 50 % und mehr der Bohrgeräte- und damit der Bohrungsortungskosten zu Buche schlagen.

Tab. 11.1: HDD-Ortungssysteme. Zusammenstellung und Produktstand Frühjahr 2011. Kein Anspruch auf Vollständigkeit der Liste

Walk-Over-Systeme		
Hersteller	**Internetadresse**	**Wichtigste Produkte**
DCI = Digital Control Inc., Renton, WA, USA	www.digitrak.com	Digitrak F2, Digitrak Eclipse, Digitrak SE, Digitrak SST, Digitrak F5
Radiodetection Ltd., Bristol, UK (a SPX-company)	www.radiodetection.com	RD 4000TL, -TL, -PL, -DL, RD 7000, RD 8000
Subsite Electronics (a division of The Charles Machine Works), Perry, OK, USA	www.subsite.com	Subsite 752
Subsurface Instruments Inc., De Pere, WI, USA	www.ssilocators.com	ML –1, ML – 1M, MUL, ML – 3, PL-2000
Schonstedt Instruments Inc., Kearneysville, WV, USA	www.schonstedt.com	TraceMaster II, XTpc, XT512, Faultmaster
SebaKMT GmbH, D-96148 Baunach	www.sebakmt.com	Easyloc, FM 810-Dx, FM 9860, FM 9890-XT, i5000
Radius Pro HDD Tools, Inc., Weatherford, TX, USA	www.radiushdd.com	Sonde housings

Wire-Line-Systeme zur Navigation		
Magnetfeldsysteme		
Hersteller	**Internetadresse**	**Wichtigste Produkte**
Sharewell LP, Houston, TX, USA	www.sharewell.com	MGS (Magnetic Guidance System), Tru Tracker, Electro-Trac EM-MWD
Horizontal Technology Inc., Houston, TX, USA	www.horizontaltech.com	DataTraX (DTX)
Vector Magnetics LLC, Ithaca, NY, USA	www.vectormagnetics.com	Paratrack, Paratrack II, Beacon Tracker. Die Produkte von Vector Magnetics werden vertreten durch Inrock Inc. und Prime Horizontal Ltd. www.prime-horizontal.com
GE Power Systems Tensor, Round Rock, TX, USA	www.gepower.com/tensor	Tensor Tool or Tensor MWD System
Schlumberger Ltd., Houston, TX, USA und Paris, F	www.slb.com/pulse	Orion II MWD/LWD, andere MWD Produkte
Micon GmbH & Co KG, D-29336 Nienhagen bei Celle	www.micon-drilling.de	Micon 3 ½ / 3 3/3 MWD
Baker Hughes Inc., Houston, TX, USA und D-29221 Celle	www.bakerhughes.com	OnTrak MWD, E-MTrak MWD, NaviTrak MWD
Halliburton Inc., Houston, TX, USA	www.halliburton.com	Sperry Drilling, Max3Di, ABI-Sensor, Strata Steer 3D
Sondex plc., GB – Yateley, Hampshire, UK	www.sondex.com	WellTracer, Pilot MWD
Tensteer Llc., Round Rock, TX, USA	www.tensteer.com	Tensteer EMP
SPT = Stockholm Precision Tools AB, S-19255 Sollentuna	www. stockholmprecisiontools.com	MagCruiser, MagCruiser HT
Robertson Geologging Ltd., GB – Deganwy, Comwy, UK	www.geologging.com	Gyroscoping 3D-Magnetometer Probe
Weatherford Int. Inc., Houston, TX, USA und CH – Genf	www.weatherford.com	DMT, HEL, Twinwells

Wire-Line-Systeme zur Navigation		
Normalkreise (Gyroskop; Gyro)		
Hersteller	**Internetadresse**	**Wichtigste Produkte**
Schlumberger Ltd., Houston, TX, USA und Paris, F	www.slb.com/pulse	GyroPulse
Sharewell LP, Houston, TX, USA	www.sharewell.com	Gyro MWD
Halliburton Inc., Houston, TX, USA	www.halliburton.com	Evader Gyro-While-Drilling System
SPT = Stockholm Precision Tools AB, S-19255 Sollentuna	www. stockholmprecisiontools.com	Gyro Tracer
SEG System Entwicklungs GmbH, D-79359 Riegel im Breisgau	www.seg-riegel.de	SEG Target INS (baut Bohr-Gyros für führende Navigationstechnik-Firmen)
iMAR GmbH, D-66386 St. Ingbert	www.imar.de	Drillguide GST, Vertrieb durch Brownline B.V., NL-4231 Meerkerk www.drillguide.com
Raytheon Anschütz Waltham, MA, USA und D-24106 Kiel	www.raytheon.com, www.raytheon-anschuetz.com und www.raykiel.com	Schiffskreiselkompasse
Faserkreisel (IFOG)		
Hersteller	**Internetadresse**	**Wichtigste Produkte**
iMAR GmbH, D-66386 St. Ingbert	www.imar.de	iOLFOG-S-D, iNAV-FJI
GeneSys Elektronik GmbH, D-77656 Offenburg	www.genesys-offenburg.de	MWD II, FOG/MEMS
Northrop Grumman LITEF GmbH, D-79115 Freiburg	www.northropgrumman.litef.de	µFORS, IMU, FOG IMU, µAHRS
Laserkreisel		
Hersteller	**Internetadresse**	**Wichtigste Produkte**
iMAR GmbH, D-66386 St. Ingbert	www.imar.de	iNAV-RQH
Northrop Grumman LITEF GmbH, D-79115 Freiburg	www.northropgrumman.litef.de	PL41 Mk 3, PL41 Mk 4